卢保奇—— 编著

珠宝玉石·奇石

新手鉴定与投资基础

U0154861

化学工业出版社

·北京·

内容简介

本书介绍了目前珠宝玉石与奇石市场上最主要和常见品种的鉴定技巧和投资关键点，并对其投资趋势进行了简要分析，指出了投资方向。全书内容涵盖了目前市场上最为常见的七大宝石、四大名玉和六大奇石的鉴定技巧和投资等方面的应用实践知识与技术，重点阐述了鉴定时肉眼和简单仪器识别的实用技能。通过对本书的学习，可使初涉珠宝玉石和奇石的新手快速、清晰、简单地掌握珠宝玉石与奇石主要品种的鉴别要点和投资关键，学有所得，学有所获。

全书语言精练、通俗易懂、内容翔实，具有很强的实用价值和参考价值。本书既可供材料专业、珠宝玉石专业等相关专业使用，也可供珠宝玉石及奇石爱好者与收藏投资者学习和参考。

图书在版编目（CIP）数据

珠宝玉石·奇石：新手鉴定与投资基础/卢保奇编
著．—北京：化学工业出版社，2023.8
ISBN 978-7-122-42715-1

Ⅰ．①珠… Ⅱ．①卢… Ⅲ．①宝石-鉴定②玉石-鉴
定③宝石-投资④玉石-投资 Ⅳ．①TS933②F768.7

中国国家版本馆CIP数据核字（2023）第092972号

责任编辑：朱 彤　　　　　　　　　　文字编辑：陈 雨
责任校对：王 静　　　　　　　　　　装帧设计：尹琳琳

出版发行：化学工业出版社（北京市东城区青年湖南街13号　邮政编码100011）
印　　装：中煤（北京）印务有限公司
710mm×1000mm　1/16　印张10½　字数183千字　2024年1月北京第1版第1次印刷

购书咨询：010-64518888　　　　　　售后服务：010-64518899
网　　址：http://www.cip.com.cn
凡购买本书，如有缺损质量问题，本社销售中心负责调换。

定　　价：68.00元

前　言

随着生活水平的日益提高，人们对珠宝玉石和奇石的消费需求也随之高涨。珠宝玉石和奇石不仅能够满足消费者追求美好生活的实际需求，更重要的是能够满足消费者精神上的高层次享受。同时，珠宝玉石和奇石既具有商品性，又具有艺术性，因此在世界著名的文化艺术品拍卖行和拍卖会上，珠宝玉石和奇石已成为宠儿。

面对市场上琳琅满目的珠宝玉石和奇石品种，普通消费者或初涉珠宝玉石和奇石行业的人员对如何能够在较短时间里了解和掌握有关珠宝玉石和奇石简单的、通过肉眼识别的实践技能以及其他必备知识等方面的需求，也变得愈来愈迫切。

针对读者上述需求，本书重点介绍了市场上常见的七大宝石（钻石、红宝石、蓝宝石、祖母绿、金绿宝石、碧玺、珍珠）、四大名玉（翡翠、和田玉、绿松石、独山玉）和六大奇石（太湖石、灵璧石、戈壁石、葡萄玛瑙、大化彩玉石、彩陶石）的基本特征和投资方面的基本内容。笔者希望能够通过本书为普通珠宝玉石和奇石爱好者与投资者提供一本直观、生动的阅读资料，使得读者能够快速了解珠宝玉石和奇石。本书作为教育部高等学校材料类专业教学指导委员会规划教材，既可供材料专业、珠宝玉石专业等相关专业使用，也可供珠宝玉石及奇石爱好者与收藏投资者学习参考。

在本书编写过程中，中国地质大学（武汉）杨明星教授和同济大学亓利剑教授作为主审，对全书的内容提出了宝贵的修改意见和建议，在此作者表示深深的敬意和感谢！此外，顾文、卢飞辰、张桂莲、卢新奇、谭卫平、王丽琳、张春莉等对本书文献资料的搜集和整理、稿件录入、部分珠宝玉石和奇石市场行情的信息分析、图片的拍摄和剪辑、初稿的修订和整理等工作倾注了大量时间和精力，并对稿件的部分内容提出了中肯的完善意见，在此也深表谢忱。

由于作者水平和经验有限，书中难免存在疏漏之处，恳请广大读者予以批评指正。

编著者

2023 年 6 月

目 录

第一章 珠宝玉石和奇石的概念及主要品种

第二章　珠宝玉石鉴别常用的简单工具和仪器

第三章　钻石的鉴定技巧及投资要点

第四章　红宝石的鉴定技巧和投资要点

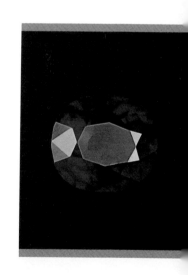

第五章　蓝宝石的鉴定技巧和投资要点

第六章　祖母绿的鉴定技巧和投资要点

第七章　金绿宝石的鉴定技巧和投资要点

第八章　碧玺的鉴定技巧和投资要点

第九章　珍珠的鉴定技巧和投资要点

第十章　翡翠的鉴定技巧和投资要点

第十一章　和田玉的鉴定技巧和投资要点

第十二章　绿松石的鉴定技巧和投资要点

第十三章　独山玉的鉴定技巧和投资要点

第十四章　主要奇石的鉴定技巧和投资要点

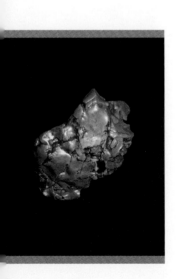

参考文献

第一章

珠宝玉石和奇石的概念
及主要品种

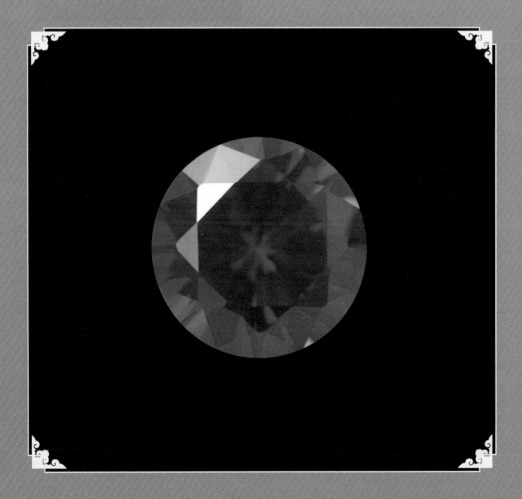

第一节　珠宝玉石的概念及其分类

一、珠宝玉石的概念

《珠宝玉石　名称》（GB/T 16552—2017）中珠宝玉石的概念：对天然珠宝玉石和人工珠宝玉石的统称，可简称为宝石。

1.天然珠宝玉石概念

《珠宝玉石 名称》（GB/T 16552—2017）中天然珠宝玉石概念：由自然界产出，具有美观、耐久、稀少性，具有工艺价值，可加工成饰品的矿物或有机物质等，分为天然宝石、天然玉石和天然有机宝石，如钻石（图1.1）、红宝石（图1.2）、蓝宝石（图1.3）、祖母绿（图1.4）、金绿宝石（图1.5）、黄色托帕石（图1.6）、翡翠（图1.7）、和田玉（图1.8）、绿松石（图1.9）和欧泊（图1.10）等。

图1.2　红宝石

图1.3　蓝宝石

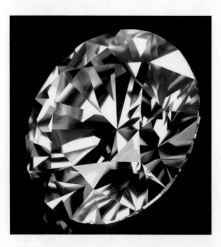

图1.1　钻石

图1.4　祖母绿

图1.5　金绿宝石

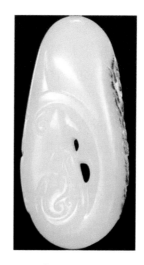

图1.8　和田玉

图1.6　黄色托帕石

图1.9　绿松石

图1.7　翡翠

图1.10　欧泊

2.人工宝石概念

《珠宝玉石 名称》(GB/T 16552—2017)中人工宝石的概念：完全或部分由人工生产或制造用于饰品的材料（单纯的金属材料除外），分为合成宝石、人造宝石、拼合宝石和再造宝石。

二、珠宝玉石的分类

依据珠宝玉石的成因类型，在《珠宝玉石 名称》(GB/T 16552—2017)中，将珠宝玉石分为以下类型。

（一）天然珠宝玉石的分类

1.天然宝石

天然宝石是指由自然界产出，具有美观、耐久、稀少性，可加工成饰品的矿物单晶体（可含双晶）。

2.天然玉石

天然玉石是指由自然界产出，具有美观、耐久、稀少性和工艺价值，可加工成饰品的矿物集合体，少数为非晶质体。

3.天然有机宝石

天然有机宝石是指与自然界生物有直接生成关系，部分或全部由有机物质组成，可用于饰品的材料，如珍珠、琥珀、珊瑚和煤精等。

值得注意的是，《珠宝玉石 名称》(GB/T 16552—2017)中规定：养殖珍珠（简称"珍珠"）也归于此类。

（二）人工宝石的分类

1.合成宝石

合成宝石是指完全或部分由人工制造且自然界有已知对应物的晶质体、非晶质体或集合体，其物理性质、化学成分和晶体结构与所对应的天然珠宝玉石基本相同，如合成红宝石（图1.11）、合成祖母绿（图1.12）等。

图1.11 合成红宝石

图1.12 合成祖母绿

2.人造宝石

人造宝石是指由人工制造且自然界无已知对应物的晶质体、非晶质体或集合体，如绿色玻璃（图1.13）。

图1.13　绿色玻璃

3.拼合宝石

拼合宝石是指由两块或两块以上材料经人工拼接而成，且给人以整体印象的珠宝玉石，如黑欧泊的二层拼合石（图1.14）。

4.再造宝石

再造宝石是指通过人工方法将天然珠宝玉石的碎块或碎屑熔接或压结成具有整体外观的珠宝玉石，可借助胶结物质。

图1.14　黑欧泊的二层拼合石

三、仿宝石

《珠宝玉石　名称》（GB/T 16552—2017）中仿宝石的概念：用于模仿某一种天然珠宝玉石的颜色、特殊光学效应等外观特征的珠宝玉石或其他材料。"仿宝石"不代表珠宝玉石的具体类别。

第二节　珠宝玉石的命名

《珠宝玉石　名称》（GB/T 16552—2017）中，对宝石的命名规定如下。

一、天然珠宝玉石的命名

1.天然宝石

① 直接使用天然宝石基本名称或其矿物名称，不必加"天然"二字。

② 产地不应参与定名，如"南非钻石""缅甸蓝宝石"。

③ 不应使用由两种或两种以上天然宝石名称组合定名某一种宝石，如"红宝石尖晶石""变石蓝宝石"。"变石猫眼"除外。

④ 不应使用易混淆或含混不清的名称定名，如"蓝晶""绿宝石""半宝石"。

2.天然玉石

① 直接使用天然玉石基本名称或

其矿物（岩石）名称，在天然矿物或岩石名称后可附加"玉"字；不必加"天然"二字。"天然玻璃"除外。

② 不应使用雕琢形状定名天然玉石。

③ 带有地名的天然玉石基本名称，不具有产地含义，如和田玉等。

3.天然有机宝石

① 直接使用天然有机宝石基本名称，不必加"天然"二字。"天然珍珠""天然海水珍珠""天然淡水珍珠"除外。

②"养殖珍珠"可简称为"珍珠"，"海水养殖珍珠"可简称为"海水珍珠"，"淡水养殖珍珠"可简称为"淡水珍珠"。

③ 产地不应参与天然有机宝石定名，如"波罗的海琥珀"。

二、人工宝石的命名

1.合成宝石

① 应在对应的天然珠宝玉石基本名称前加"合成"二字。

② 不应使用生产厂、制造商的名称直接定名，如"查塔姆（Chatham）祖母绿""林德（Linde）祖母绿"。

③ 不应使用易混淆或含混不清的名称定名，如"鲁宾石""红刚玉""合成品"。

④ 不应使用合成方法直接定名，如"CVD钻石""HPHT钻石"。

⑤ 再生宝石应在对应的天然珠宝玉石基本名称前加"合成"或"再生"二字，如无色天然水晶表面再生长绿色合成水晶薄层，应定名为"合成水晶"或"再生水晶"。

2.人造宝石

① 应在材料名称前加"人造"二字，"玻璃""塑料"除外。

② 不应使用生产厂、制造商的名称直接定名。

③ 不应使用易混淆或含混不清的名称定名，如"奥地利钻石"。

④ 不应使用生产方法直接定名。

3.拼合宝石

① 应在组成材料名称之后加"拼合石"三字或在其前加"拼合"二字。

② 可逐层写出组成材料名称，如"蓝宝石、合成蓝宝石拼合石"。

③ 可只写出主要材料名称，如"蓝宝石拼合石"或"拼合蓝宝石"。

4.再造宝石

应在所组成天然珠宝玉石基本名称前加"再造"二字，如"再造琥珀""再造绿松石"。

三、仿宝石的命名

（1）仿宝石定名规则如下。

① 应在所仿的天然珠宝玉石基本名称前加"仿"字。

② 尽量确定具体珠宝玉石名称，且采用下列表示方式，如"仿水晶（玻璃）"。

③ 确定具体珠宝玉石名称时，应遵循标准规定的所有定名规则。

④"仿宝石"一词不应单独作为珠宝玉石名称。

（2）使用"仿某种珠宝玉石"表示珠宝玉石名称时，意味着该珠宝玉石：

① 不是所仿的珠宝玉石，如"仿钻石"不是钻石；

② 所用的材料有多种可能性，如"仿钻石"可能是玻璃、合成立方氧化锆或水晶等。

四、具特殊光学效应的珠宝玉石的命名

1. 猫眼效应

在珠宝玉石基本名称后加"猫眼"二字。只有"金绿宝石猫眼"可直接称为"猫眼"，如猫眼（图1.15）、软玉猫眼（图1.16）和欧泊猫眼（图1.17）。

图1.15　猫眼

图1.16　软玉猫眼

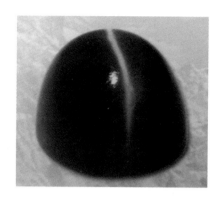

图1.17　欧泊猫眼

2. 星光效应

在珠宝玉石基本名称前加"星光"二字。具有星光效应的合成宝石，可在所对应天然珠宝玉石基本名称前加"合成星光"四字。星光红宝石见图1.18。

图1.18　星光红宝石

3. 变色效应

可在珠宝玉石基本名称前加"变色"二字。只有"变色金绿宝石"可直接称为"变石"，"变色金绿宝石猫眼"可直接称为"变石猫眼"。具有变色效应的合成宝石，在所对应天然珠宝玉石基本名称前加"合成变色"四字。"合

成变石""合成变石猫眼"除外。变石猫眼的变色效应见图1.19。

日光下呈蓝绿色　　白炽灯下呈红色

图1.19　变石猫眼的变色效应

4.其他特殊光学效应

除星光效应、猫眼效应和变色效应外，其他特殊光学效应不参与定名，可在相关质量文件中附注说明。注：砂金效应、晕彩效应（图1.20）、变色效应等均属于其他特殊光学效应。

图1.20　拉长石的晕彩效应

五、优化处理表示方法

1.优化

直接使用珠宝玉石名称，可在相关质量文件中附注说明具体优化方法。

2.处理

（1）在珠宝玉石基本名称处注明如下：

① 名称前加具体处理方法，如扩散蓝宝石（图1.21），漂白、充填翡翠（图1.22）。

图1.21　扩散蓝宝石

图1.22　漂白、充填翡翠

② 名称后加括号注明处理方法，如蓝宝石（扩散）、翡翠（漂白、充填）。

③ 名称后加括号注明"处理"二字，如蓝宝石（处理）、翡翠（处理）；应尽量在相关质量文件中附注说明具体处理方法，如扩散处理，漂白、充填处理。

（2）不能确定是否经过处理的珠宝玉石，在名称中可不予表示。但应在相关质量文件中附注说明"可能经××处理"或"未能确定是否经××处理"或

"××成因未定"。

（3）经多种方法处理或不能确定具体处理方法的珠宝玉石按（1）或（2）进行定名。也可在相关质量文件中附注

说明"××经人工处理"，如钻石（处理），附注说明"钻石颜色经人工处理"。

（4）经处理的人工宝石可直接使用人工宝石基本名称定名。

第三节 奇石的概念及其分类

一、奇石的概念

奇石的学名为观赏石，又称雅石、供石、石玩、案石等。奇石是自然界形成的天然艺术品，以其独特的形态、色泽、质地、纹理和韵意而具有观赏价值和投资收藏价值；同时，少数奇石还具有较高的科学和研究价值。

袁奎荣等将观赏石分为广义观赏石和狭义观赏石。

1.广义观赏石

广义观赏石指具有观赏、玩味、陈列和装饰价值，能使人感官产生美感、舒适、联想和激情的一切自然形成的石体。它不受大小、存在形式和地理位置的限制，包括宏观的地质构造，如桂林象鼻山（图1.23）、新疆典型的雅丹地

图1.23 桂林象鼻山

貌（图1.24）和黄土地貌等；还包括借助于显微镜观察到的五彩缤纷的微观世界。

图1.24 新疆典型的雅丹地貌

2.狭义观赏石

狭义观赏石是指天然形成的具有观赏、玩味、陈列和收藏价值的各种石体，包括一般未经琢磨而直接用于陈列、收藏、教学或造园的岩石、矿物、化石和陨石等。

通常所说的观赏石是指狭义观赏石。

二、奇石的分类

依据观赏石产出的地质背景、形态特征及所具有的意义，通常将观赏石分为六种类型。

1.造型石

造型石通常是指一些造型奇特的岩石，以其婀娜多姿的造型为特色，求形似，赏其貌。造型石是观赏石中最常见的类型，如太湖石（图1.25）、灵璧石（图1.26）等。

河石（图1.28）等。

图1.27　南京雨花石

图1.25　太湖石

图1.26　灵璧石

2.纹理石

纹理石也称为图案石、画面石等，以其不同的颜色、纹理等所构成的具有丰富想象力的图案为特色。应求神似，赏其意，如南京雨花石（图1.27）及黄

图1.28　黄河石

3.矿物晶体观赏石

矿物晶体观赏石是指具有奇特的造型、鲜艳的颜色、美丽的花纹和深远"意境"的单矿物或矿物集合体，如八面体钻石（图1.29）、立方体钻石（图1.30）、具有孔雀羽毛般漂亮鲜艳的绿色孔雀石（图1.31）、绿柱石晶体（图1.32）等。

图1.29　八面体钻石

图1.30　立方体钻石

图1.31　绿色孔雀石

图1.32　绿柱石晶体

4.生物化石观赏石

生物化石观赏石是指通常产于页岩和板岩等沉积岩中的、具有完整和清晰形态的动、植物化石。其包括实体化石和遗迹化石，如硅化木（图1.33）等。

图1.33　硅化木

5.事件石

事件石是指宇宙物质坠落、火山、地震等重大地质事件所遗留下来的石体，如陨石、火山弹（图1.34）等。

图1.34　火山弹

6.纪念石

纪念石是指与历史事件、名人雅士有关的，具有特殊纪念意义的石体。

 习题

一、是非判断题（每题10分，共30分）

（　　）1.《珠宝玉石 名称》（GB/T 16552—2017）规定，和田玉属于软玉，是指产于我国新疆和田地区的软玉品种。

（　　）2.按照《珠宝玉石 名称》（GB/T 16552—2017）中有关宝石分类规定，养殖珍珠属于天然有机宝石。

（　　）3.天然玉石是指由自然界产出的，具有美观、耐久、稀少性和工艺价值的矿物单晶体。

二、单项选择题（每题10分，共40分）

1.按照《珠宝玉石 名称》（GB/T 16552—2017）的分类规则，_____是指由人工制造且自然界无已知对应物的晶质体、非晶质体或集合体。

    A.合成宝石　　　　B.人造宝石　　　　C.拼合宝石　　　　D.再造宝石

2.欧泊属于_____。

    A.天然宝石　　　　B.天然有机宝石　　C.天然玉石　　　　D.人工宝石

3.按照《珠宝玉石 名称》（GB/T 16552—2017）的分类规则，合成红宝石应属于_____。

    A.人造宝石　　　　B.合成宝石　　　　C.再造宝石　　　　D.拼合宝石

4.按照奇石的分类规则，雨花石应属于_____。

    A.造型石　　　　　B.纹理石　　　　　C.矿物晶体　　　　D.生物化石

三、简答题（每题10分，共30分）

1.简述《珠宝玉石 名称》（GB/T 16552—2017）的珠宝玉石分类依据以及所划分的主要类型。

2.简述奇石的概念及其分类。

3.简述《珠宝玉石 名称》（GB/T 16552—2017）中不同类型宝石的命名规则。

第二章

珠宝玉石鉴别常用的简单工具和仪器

常用的珠宝玉石鉴别简单工具和仪器主要有放大镜、镊子和热导仪等。

第一节 放大镜

放大镜是珠宝玉石鉴定和识别中最常用的简单工具。宝石放大镜（图2.1）由镜头和塑料或不锈钢套组成。宝石放大镜的放大倍数主要有10倍、20倍、30倍等。其中，宝石鉴别中最常用的是10倍放大镜，如观察钻石的净度时就应采用10倍放大镜。

图2.1 宝石放大镜

一、用途

（1）观察珠宝玉石的表面特征。珠宝玉石的表面特征包括光泽、断口、刻面棱线、原始晶面、解理等。

（2）观察宝石的切工特征。宝石的切工特征包括切磨和抛光的质量等。

（3）观察宝石的内部特征。宝石的内部特征主要包括色带、生长纹、刻面棱的重影、包裹体等。

二、使用及注意事项

1. 使用前的清洁

使用前的清洁包括清洁放大镜和宝石样品。清洁放大镜可以用不起毛的布或镜头纸、脱脂棉球等。清洁样品可以用擦钻布（擦钻布是专门用来擦拭珠宝的棉布，能有效地清除宝石和镜片表面的灰尘和污渍）、蘸酒精（乙醇）的棉签，或用镊子夹持宝石直接浸泡在无水酒精中进行清洗。

2. 姿势

一只手持放大镜，另一只手用镊子夹住宝石。将放大镜靠近眼睛，距离约为2.5厘米；双眼睁开，样品靠近放大镜，距离为2.5厘米左右。特别提醒：使用放大镜时双目睁开进行样品的观察，对于初学者有一定的难度，不太适应，但只要坚持正确使用，逐渐就会习惯。

第二节　镊子

一、类型

常见的宝石镊子可分为两类：带锁的镊子和不带锁的镊子。根据镊子的尖头又可分为大号、中号和小号镊子。各种类型镊子的优缺点如下。

① 带槽镊子有利于固定宝石。主要用于彩色宝石和大钻石。

②"井"纹镊子（不带槽）。主要用于钻石的4C分级，可以避免槽对其净度和切工分级的影响。

③ 带锁的镊子。有利于较长时间固定宝石位置。初学者在使用镊子夹持宝石时，最好使用带锁的镊子。

④ 不带锁的镊子。灵活自如，但一般适用于比较熟练的宝石从业人员使用。

⑤ 大号镊子。有利于夹持大粒宝石。

⑥ 中号镊子。有利于夹持0.05～0.5克拉［克拉（ct）是宝石的质量（重量）单位，1克拉等于0.2克或200毫克］的钻石。

⑦ 小号镊子。有利于夹持0.05克拉以下的钻石或宝石。

不同宝石从业人员可以根据实际需要，选择合适的镊子，正确使用。

二、使用方法

使用镊子夹持宝石时，镊子应平行于宝石的腰部，应用拇指和食指控制镊子的开合，用力须适当。用力过小，宝石会掉落；用力过大，则会使宝石"蹦"出或破损。

第三节　热导仪

一、组成与结构

热导仪是专门用于鉴定钻石及其仿制品的一种鉴定仪器。热导仪是根据钻石（宝石）导热性能（热导率）设计与制作的。热导仪由探针和控制盒组成。当电源开关开启后，加热探头接触钻石表面时，由于钻石是已知宝石中热导率最高的，探头的温度会明显下降，电传感器会立即发出清晰的蜂鸣声，以此来鉴别钻石及其仿制品。

二、使用方法及注意事项

1.预热

热导仪在使用前应先预热。打开仪器开关预热几秒钟，待预热信号灯亮起。

2.使用方式

使用热导仪时,应使探头垂直接触于样品表面;同时,要稍微用力轻轻按下探头,切记不能用力过大。

3.日常保养

① 热导仪的探头易损坏,使用完毕后应立即套上保护罩。

② 电池电量不足时应及时更换;长时间不使用时,应将电池取出,以免造成仪器的腐蚀。

③ 通常情况下用软布清洁探头,使之保持干净。

第四节　二色镜

二色镜主要用于观察宝石的多色性,包括待测样品的二色性和三色性。二色镜是鉴定宝石的辅助仪器。

一、组成与结构

二色镜主要由冰洲石菱面体、目镜和透光窗口等组成。

二色镜的工作原理:由于冰洲石菱面体具有高的双折射率,可以将穿过非均质体宝石的两束偏振光进一步分解,并使这两种不同光束的颜色并排出现在视域的两个窗口中。肉眼可以观察到宝石的二色性或三色性。

二、使用方法及注意事项

① 用镊子将待测样品置于二色镜窗口前,并使小孔对准白光光源或自然光。

② 观察时应边观察边转动二色镜和待测样品,观察两个窗口的颜色变化。

③ 如果二色镜窗口出现一种颜色,说明该样品可能为均质体宝石或非晶质体宝石。

④ 如果二色镜窗口出现两种颜色,表明该样品为各向异性(非均质体宝石);若出现三种颜色,则证明该样品为二轴晶宝石。

⑤ 观察时应准确描述所观察到的待测样品的颜色以及强弱。

⑥ 观察时应使用透射光,光源应为白光或自然光,不能使用单色光或偏振光。

⑦ 观察时待测样品应尽量靠近窗口。注意不要把宝石直接放在光源上,某些宝石受热后多色性可能发生变化。

第五节　折射仪

折射仪主要用于测试待测珠宝玉石的折射率和双折射率，并确定珠宝玉石的光性特征，包括均质体和非均质体、一轴晶和二轴晶等。折射率是鉴定宝石的关键指标之一。

一、组成与结构

折射仪一般由棱镜、反射镜、标尺、透镜、偏光片和光源等组成。折射仪是依据折射和全反射原理，测定宝石的临界角值，并将其转化为折射率的仪器。

二、使用方法及注意事项

使用方法如下。

① 首先用酒精棉球清洁折射仪的棱镜和待测样品。

② 在棱镜中央滴一小滴折射油，将待测珠宝玉石样品的最大台面轻轻压在折射油的部位，并轻轻推动使宝石与油充分接触。

③ 肉眼尽量靠近目镜观察折射仪上的阴影边界对应的刻度值，应边转动边观察，宝石按顺时针方向旋转360°，记录最大值和最小值。

④ 结束后清洁宝石和折射仪。

注意事项如下。

① 在观察弧面形宝石时，眼睛应距离目镜30～45厘米，视线垂直于目镜。

② 在观察弧面形宝石的折射率时，观察者头部应上下平行移动，读取椭圆形油滴在半明半暗位置时分界线所对应的读数，即为待测样品的折射率。

③ 刻面宝石的折射率要保留到小数点后三位，如红宝石的折射率，可表示为1.762～1.773。而弧面形宝石要保留到小数点后两位，并在测试结果后注明点测法，如翡翠折射率为1.66（点测法）。

④ 如果待测样品的折射率数值超出折射仪测试范围的，这种情况称为负读数，应在待测宝石后注明"不可测"或"负读数"。

第六节　宝石相对密度测定仪器

图2.2　常用电子天平静水称重法装置

宝石的相对密度是鉴定宝石的关键指标之一。宝石的相对密度通常采用静水称重法测定，使用的仪器主要包括电子天平、托盘、烧杯和金属网兜等。常用电子天平静水称重法装置如图2.2所示。宝石的相对密度是指在4℃和1个标准大气压 [101325Pa（帕斯卡）] 下，宝石质量与同体积水的质量的比值。采用静水称重法时用于宝石相对密度的计算公式如下：

$$宝石相对密度=\frac{宝石在空气中的质量}{宝石在空气中的质量-宝石在水中的质量}$$

一、使用方法

① 调节天平的底座，使天平保持水平。

② 调节天平，使其归零，即电子天平上显示0.0000克拉。

③ 清洁待测宝石样品。

④ 将宝石放在空气中的托盘上，称量宝石在空气中的质量。

⑤ 拿出宝石，调节并使天平重新显示0.0000克拉。将待测宝石放入水中的金属网兜上，称量宝石在水中的质量。

⑥ 根据相对密度的计算公式计算出待测宝石的相对密度。

二、注意事项

① 测试前一定要清洁样品上的油污。

② 每次测试前应进行天平的归零操作，即使电子天平上显示0.0000克拉。

③ 如果待测样品孔隙或裂隙较多，则测试误差较大，会给鉴定带来误导。

④ 如果待测样品的质量过小，小于1克拉时则测试误差较大。

⑤ 宝石的相对密度没有单位，而密度的单位是克/厘米³。

习 题

一、是非判断题（每题10分，共30分）

（ ）1.热导仪是专门用来检测钻石及其仿制品的仪器。使用时应使热导仪上的探针头垂直轻压在宝石上，观察显示器的格子闪亮及蜂鸣声的大小。

（ ）2.碧玺中的"西瓜"碧玺就是碧玺二色性的体现。

（ ）3.如果待测样品的折射率为"负读数"，说明该宝石样品的折射率数值超出折射仪测试的范围，并且应在待测宝石的鉴定证书中注明。

二、单项选择题（每题10分，共30分）

1.在所有已知宝石中，＿＿＿＿＿＿的热导率是最高的。

   A.红宝石   B.蓝宝石

   C.钻石   D.祖母绿

2.观察钻石的净度时，应采用＿＿＿＿＿＿倍放大镜。

   A.10   B.20

   C.30   D.40

3.二色镜主要由＿＿＿＿＿＿、目镜和透光窗口组成。

   A.冰洲石   B.石英

   C.方解石   D.玻璃

三、简答题（每题10分，共40分）

1.简述折射仪的使用方法和注意事项。

2.简述宝石相对密度测定仪器的使用方法和注意事项。

3.简述二色镜的使用方法和注意事项。

4.简述热导仪的使用方法和注意事项。

第三章

钻石的鉴定技巧及投资要点

第一节　钻石鉴定

一、钻石的必备知识

（一）钻石的概念

钻石是指品质达到宝石级的金刚石。金刚石是钻石的矿物学名称。也就是说，并不是所有的金刚石都是钻石，只有少数颜色、净度等达到宝石级的金刚石，才可以称为钻石。钻石被誉为"宝石之王"。

钻石的化学成分是碳，元素符号为C，常含有氮（N）、硼（B）等杂质元素。钻石由于含有杂质氮元素而呈不同色调的黄色，含硼元素时呈蓝色。

（二）钻石的颜色

钻石的颜色分为以下两个系列。

（1）无色至浅黄（褐、灰）系列。该系列呈无色、淡黄色、浅黄色、浅褐色、浅灰色。这个系列的钻石是钻石中最常见的品种。通常所说的钻石颜色、品质等的分级就是针对这一颜色系列的钻石而言的。

（2）彩色系列。该系列呈黄色、褐色、灰色及由浅至深的蓝色、绿色、橙色、粉红色、红色、紫红色，偶见黑色。这个系列的钻石是钻石中少见或罕见的珍贵品种，市场上很少见，简称彩色钻石。

（三）生辰石和结婚周年纪念石

在宝石文化中，常将不同品种的宝石分别与一年中的12个月相对应，这种相对应的宝石称为生辰石和结婚周年纪念石。

（1）生辰石。在国际宝石文化中，钻石被誉为四月份的生辰石，象征坚贞和纯洁无瑕。

（2）结婚周年纪念石。在国际宝石文化中，钻石被作为"钻石婚"的结婚周年纪念石。钻石在人们心目中具有无与伦比的纯洁、坚贞和独一无二特性。它既是永恒爱情的象征，更是"执子之手，与子偕老"铮铮誓言的见证者。

（四）钻石的形成、产地、加工和交易中心

1.形成条件

钻石的形成主要与火山作用有关，是在地壳深处150～200千米范围的高温高压条件下形成的。钻石的形成温度约为1000～1300℃，压力约为5～6GPa（吉帕斯卡）。

金刚石主要产于金伯利岩或钾镁煌斑岩的岩体或岩脉中。除此之外，世界范围内宝石级金刚石主要产于冲积的砂矿等沉积岩型矿床中。

2.世界钻石的主要产地

南非是世界上出产颗粒巨大的钻石的主要国家，如世界著名的库里南钻石。继南非之后，世界上许多国家也先后发现了宝石级的金刚石矿。

目前，世界上出产钻石的国家主要有澳大利亚、刚果民主共和国、博茨瓦纳、俄罗斯和南非五个国家。这五个国家的钻石产量大约占全世界钻石总产量的90%。除此之外，其他生产钻石的主要国家还有安哥拉、巴西、印度、加拿大等。

3.加工和交易中心

目前，比利时的安特卫普、以色列的特拉维夫、美国的纽约、印度的孟买是国际四大钻石交易中心和加工切磨中心。

比利时的安特卫普素有"世界钻石之都"的美誉。全世界50%以上的钻石交易在这里进行。目前安特卫普主要加工大颗粒的钻石。

以色列的特拉维夫钻石加工交易中心主要加工花式及新式切割的钻石。

美国纽约是全球重要的钻石贸易加工中心。其钻石加工的主要对象为2克拉以上的中、大颗粒钻石。

印度孟买已经成为全球重要的钻石加工贸易中心之一。印度的钻石工业几乎垄断了小颗粒钻石的加工。

值得一提的是，中国上海正在发展成为重要的世界钻石交易中心。近年来，上海钻石交易所的贸易额呈现了突飞猛进的增长，未来上海钻石交易所必将为中国乃至世界钻石销售的发展作出重要的贡献。

（五）著名钻石

1.世界上最大的钻石

世界上最大的钻石名为"库里南"钻石，重3106克拉，产自南非的普列米尔（Premier）矿区。切割琢磨后最大的一粒取名"非洲之星Ⅰ号"（图3.1），重约530.2克拉；第二大粒钻石取名"非洲之星Ⅱ号"（图3.2），重约317.4克拉。

图3.1 英国国王权杖上的非洲之星Ⅰ号钻石

图3.2 英国国王王冠上的非洲之星Ⅱ号钻石

2.世界上最大的蓝色钻石——"霍普"钻石

"霍普"（Hope）钻石又名"希望"钻石（图3.3）。这颗钻石以其第7任主人伦敦宝石收藏家亨利·霍普的名字命名为"霍普"钻石。这颗钻石原石重约112.25克拉，切割后重约45.52克拉。"霍普"钻石为自然界极其稀少且迄今为止所发现的最大的深蓝色钻石。

图3.3 "希望"钻石

二、我国钻石资源优势

1.钻石资源优势

我国地大物博，幅员辽阔，自然资源丰富，特别是珠宝玉石和矿产资源品种非常丰富，资源分布广泛。就自然界最稀少、最珍贵的钻石资源而言，我国在世界钻石市场上占有重要的一席之地。

2000年，上海钻石交易所成立。2004年，上海钻石交易所正式成为世界钻石交易所联盟（WFDB）成员。2018年，上海又首次成为世界五大钻石交易中心之一。

我国在世界钻石市场上已经占有了非常重要的地位，这也是中国钻石文化自信的重要表现之一。有充分的理由相信，我国的钻石市场在未来有着巨大的发展潜能和广阔的发展前景。

我国钻石资源主要分布在辽宁的瓦房店、山东的蒙阴，以及湖南的沅江流域。

此外，在我国的河南、湖北、宁夏、山西、四川、河北等地也有钻石资源的分布。

2.我国最大的钻石

我国现存的最大钻石是常林钻石。1977年，我国山东省临沭县岌山镇常林村村民魏振芳在田间劳动时发现了一颗重达158.786克拉的钻石，命名为"常林钻石"（图3.4）。

图3.4 常林钻石

三、钻石的真假鉴别

（一）钻石的肉眼识别

钻石的肉眼识别特征主要有：光泽、色散、颜色、亮度等。其中，光泽和色散是最主要的识别依据。

1. 光泽

钻石具有非常典型独特的金刚光泽（图3.5）。这是肉眼鉴别钻石的首要特征。

图3.5　钻石的金刚光泽

2. 色散

色散又称为"出火"或"火彩"现象。钻石具有柔和、明亮的"出火"现象（图3.6），但不太艳丽。

图3.6　钻石的"出火"现象

色散是指钻石能将太阳的白光分解成七种单色光的性质。

钻石色散强（0.044），是所有天然无色宝石之最。

3. 颜色

大多数的钻石都为无色至浅黄、浅褐色（图3.7）。

图3.7　钻石的颜色

4. 亮度

钻石具有较明显的全发射光特性。因此，钻石的亮度很高。

（二）钻石的简易鉴别

1. 压线法

将钻石的台面朝下压在一深色线条上。由于钻石的高折射率，透过钻石看不到底面的压线，而其他折射率较低的宝石则可以看到压线（图3.8）。

锆石　　　　　合成立方氧化锆　　　　碳化硅　　　　　钻石

图3.8　钻石和相似宝石的压线法简易识别

2.加工特点

由于钻石的硬度很高，所以具有面平滑、棱挺直、角顶尖锐等加工特征。有时，还具有加工磨痕。而钻石仿冒品存在圆钝、角尖不锐等特点。

3.呵气试验

对表面干净的钻石进行呵气，蒙在钻石表面的水汽会很快蒸发。而钻石仿冒品表面水汽的蒸发则较慢。

4.亲油疏水性

钻石的亲油疏水性是指钻石的表面很容易被油脂所污染，但不易被水膜覆盖。而油脂具有比空气大的折射率，它将改变进入和离开钻石的光线，从而减弱钻石的光泽、亮度和色散。

（三）钻石的仪器鉴定

钻石的仪器鉴定主要包括：导热性、光性和密度测试等。

1.导热性

测试钻石导热性的仪器是热导仪，热导仪是专门鉴定钻石的仪器。在通常情况下，若是钻石，热导仪上的指示灯全亮，蜂鸣器滴滴清脆响起；如果不是钻石，则指示灯部分亮起，蜂鸣器声音不够清脆。

2.光性

测试宝石光性的仪器是偏光镜。钻石为均质体，因此在偏光镜下旋转一周后，钻石在偏光镜下表现出的现象为全暗。

3.密度测试

钻石的密度为3.52（±0.017）克/厘米^3。

四、钻石的品质评价

钻石的品质评价通常依据4C分级评价标准。

（一）钻石4C分级的概念

钻石的4C分级主要是对钻石的颜色、净度、切工和克拉重量（质量）等的评价。因为英文中颜色（colour）、净度（clarity）、切工（cut）和克拉（carat）重量的首字母均为字母"c"，所以简称为4C（宝石行业常用大写字母C）。

（二）颜色

1.颜色分级

钻石的颜色是由于钻石对可见光具有选择性吸收引起的。钻石的颜色分级主要针对无色至微黄色系列或开普系列的钻石。钻石颜色分级的主要任务就是对这些无色至微黄色系列的钻石进行颜色的细分，从无色一直到微黄色；也就是按照颜色的品质由高到低，依次划分出若干个等级。

目前，对于彩色钻石还没有统一的颜色分级标准。

按照国家标准《钻石分级》（GB/T 16554—2017），将钻石的颜色分为若干个级别（表3.1）；用英文字母表示可分为：D、E、F、G、H、I、J、K、L、M、N及<N，每个字母代表一个颜色等级。其中，D代表完全无色的钻石。

国家标准中规定还可用阿拉伯数字来表述颜色的级别，即100～90，<90。

这些阿拉伯数字表示的级别与英文字母的表述相对应，如100色对应于D色，96色对应于H色（表3.1）。

表3.1　我国钻石颜色分级的不同表示方法

字母表示	D	E	F	G	H	I	J	K	L	M	N	＜N
数字表示	100	99	98	97	96	95	94	93	92	91	90	＜90
镶嵌钻石的颜色文字表示	极白		优白		白	微黄白		浅黄白		浅黄	黄	

在我国的钻石分级标准中对镶嵌钻石的颜色采用文字表述，例如极白（D色、E色）、优白（F色、G色）、白（H色）、微黄白（I色、J色）、浅黄白（K色、L色）、浅黄（M色）和黄（N色）。

2.钻石颜色分级的条件

钻石颜色分级的条件主要包括钻石比色石、标准光源和分级的环境要求。

（1）钻石比色石。钻石颜色分级是将待测钻石与标准比色石进行比较，从而确定待测钻石的色级。

（2）标准光源。室内颜色分级通常采用模拟光源。国际上常用的光源色温是在5500～7200K的标准光源下；同时，此种光源还必须是不带紫外光的。因为紫外光能激发钻石的荧光而掩盖其黄色色调，从而影响颜色的级别。

（3）分级的环境要求。钻石颜色分级的环境要避免强烈的色彩，尽可能在白色、灰色或黑色等基本色调环境中进行，要避免太阳光直接射入房间。

3.钻石颜色观察方向

钻石颜色的集中区域如图3.9所示。因此，钻石比色观察的两种最常用方向是视线平行于腰棱（腰部）或垂直于亭部刻面（图3.10），应避免视线垂直钻石台面观察。

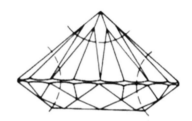

图3.9　钻石颜色的集中区域

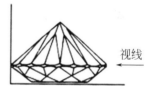

视线

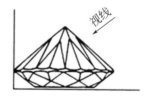

视线

图3.10　钻石颜色的观察方向

（三）净度

钻石的净度是指钻石的纯净、透明无瑕的程度。天然形成的钻石通常带有各种各样的"瑕疵"，这些瑕疵是在钻石晶体生长过程中被包裹进钻石中的，因此又被称为包裹体。

钻石的净度分级是指在10倍放大镜下，根据瑕疵或包裹体的大小、数量和位置等，将钻石的净度从高到低依次分为若干个等级。不同国家对钻石的净度等级划分稍有不同。例如，美国宝石学院（GIA）将钻石净度分为11个等级：FL、IF、VVS_1、VVS_2、VS_1、VS_2、SI_1、SI_2、I_1、I_2和I_3。

钻石净度分级主要包括：外部瑕疵和内部包裹体的大小、性质、数量、位置和颜色等。

1.钻石的内部特征

钻石常见的内部特征主要包括如下。

（1）点状包裹体。点状包裹体是指钻石内部极细小的包裹体，可以是独立的一个、两个，也可成群出现，有时也称为"针点"。

（2）云状物。云状物是指钻石中包含朦胧状、乳状、无清晰边界的天然包裹体，有时也称雾状包裹体。

（3）矿物包裹体。矿物包裹体分为浅色包裹体、深色包裹体。浅色包裹体是指钻石内部含有浅色或无色的天然包裹体，而深色包裹体则是指钻石内部含有深色或黑色的天然包裹体。

（4）针状物。针状物是指钻石内部针状的包裹体。

（5）内部纹理。内部纹理是指钻石内部的天然生长痕迹，也称生长线、生长结构、内部生长纹等。

（6）内凹原始晶面。内凹原始晶面是指凹入钻石内部的天然结晶面。内凹

原始晶面上常保留有阶梯状、三角锥状生长纹。

（7）羽状纹。羽状纹是指钻石内部或延伸至内部的形似羽毛状的裂隙。羽状纹的颜色多为乳白色或无色透明。

（8）须状腰。须状腰是指钻石腰棱（腰部）部位的细小裂纹深入到钻石内部的部分。因其形态似胡须状，故称须状腰。

（9）空洞。空洞是指钻石上大而深的不规则破口。

（10）激光痕。激光痕是指用激光束等去除钻石内部的深色包裹体时，所留下的管状、漏斗状的痕迹。这些激光痕一般采用高折射率的玻璃充填。

2.钻石的外部特征

钻石的外部特征包括钻石表面的天然生长痕迹和切割等人为造成的缺陷。

常见的外部特征如下。

（1）原始晶面。原始晶面是指在钻石的腰部和近腰部所保留的未经人工抛光的天然晶面，未抛光的目的主要是最大限度地保留钻石的重量。

（2）表面纹理。表面纹理是指钻石表面的天然生长痕迹。

（3）抛光纹。抛光纹是指由于抛光不慎在钻石表面留下的一组或多组平行线状痕迹。

（4）刮痕。刮痕是指钻石表面很细的划伤痕迹。

（5）烧痕。烧痕是指抛光不当在钻石表面留下的糊状疤痕。

（6）额外刻面。额外刻面是指除规定的刻面之外多余的刻面。这可能是由

于加工失误造成的，也可能是为了消除钻石表面某些瑕疵而切磨出来的多余刻面。

（7）缺口。缺口是指钻石腰部或底尖上细小的撞伤，常呈V形。

（8）击痕。击痕是指钻石受到外力撞击留下的痕迹，围绕撞击中心有向外放射状的细小裂纹。

（9）棱线磨损。钻石刻面的棱线受极轻微的损伤，使原来的一条锐利、光滑的棱线变成磨毛状。

（10）人工印记。人工印记是指在钻石腰棱（腰部）等部位所留下的人工刻印痕迹，如钻石的刻字编码等。

3.钻石的净度分级

按照《钻石分级》（GB/T 16554—2017）的钻石分级标准，分为LC、VVS、VS、SI、P五个大级别，又细分为11级，分别是：FL、IF、VVS$_1$、VVS$_2$、VS$_1$、VS$_2$、SI$_1$、SI$_2$、P$_1$、P$_2$和P$_3$。

（1）镜下无瑕级（LC）。在10倍放大镜下观察，镜下无瑕级（LC）钻石的最大特点是钻石内部无任何瑕疵（图3.11），只有轻微的外部特征。

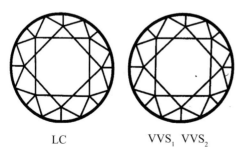

图3.11　钻石的LC和VVS$_1$、VVS$_2$净度示意图

无瑕级与极微瑕疵的最大区别是前者只有轻微的外部特征，而后者则含有少量微小的内含物。

（2）极微瑕疵（VVS级，包括VVS$_1$、VVS$_2$）。极微瑕疵是指在10倍放大镜下观察，钻石具有极微小的内、外部特征（图3.11）。其中，VVS$_1$级钻石极难观察到，而VVS$_2$级钻石难以观察到。

VVS级钻石典型的特征有：很细小的点状物、颜色很淡的云状物、须状腰等。其外部特征主要有：多余面、原始晶面、小划痕等。

（3）微瑕级（VS级，包括VS$_1$、VS$_2$）。微瑕级（VS$_1$、VS$_2$）是指在10倍放大镜下观察，钻石具有细小的内、外部特征（图3.12）。其中，VS$_1$级钻石难以观察到，而VS$_2$级钻石比较容易观察到。

VS级钻石典型的特征有：台面下可见针点状包裹体群、轻微的云状物、较小的羽状纹等。其外部特征主要有：冠部的多余面、原始晶面等。

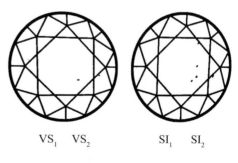

图3.12　钻石的VS和SI级净度示意图

（4）瑕疵级（SI级，包括SI$_1$、SI$_2$）。瑕疵级是指在10倍放大镜下观察，钻石具有明显的内、外部特征（图3.12）。其

中，SI$_1$级钻石容易观察到，而SI$_2$级钻石很容易观察到。

SI级钻石典型的特征有：较大的浅色包裹体、较小的深色包裹体、羽状纹、云状物等。

在10倍放大镜下观察，很容易发现钻石的上述内、外部特征。

（5）重瑕级（P级，包括P$_1$、P$_2$、P$_3$）。重瑕级是指从冠部观察钻石，肉眼可见钻石的内、外部特征（图3.13）。其中，P$_1$级钻石肉眼可见内、外部特征，P$_2$级钻石肉眼易见到，而P$_3$级钻石则肉眼极易见到。

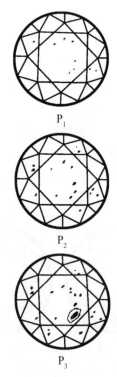

P$_1$

P$_2$

P$_3$

图3.13　钻石的P级净度示意图

P级钻石的典型特征为大的云状物、羽状物、深色包裹体，而且这些包裹体可能影响到钻石的耐久性或透明度、明亮度等。

（四）切工

钻石切工是指钻石加工工艺整个流程的总称。钻石切工的优劣直接影响到钻石的"火彩"和亮度。因此，切工与钻石的外观美丽程度密切相关。

钻石的切工分级是指对钻石切割工艺的总体评价。

钻石的切工款式主要分为圆形明亮式切工（又称圆钻型）和异形钻式切工（又称花式钻）。最主要和常见的是圆钻型。本书主要介绍圆钻型切工。

1.钻石的标准圆钻型琢型

标准圆钻型琢型由冠部、亭部和腰围三个部分组成，又称圆明亮琢型。标准圆钻型琢型的冠部由1个正八边形的台面及另外32个小面组成。

亭部由24个或25个刻面组成。所以，标准圆钻型琢型共有57个或58个刻面。钻石的欧式切工通常有58个刻面，而美式切工有57个刻面。

图3.14为标准圆钻琢型的各部分切工名称。

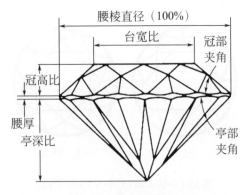

图3.14　标准圆钻琢型的各部分切工名称

（1）腰棱直径。钻石腰部圆形水平面的直径。其中，最大值称为最大直径，最小值称为最小直径，1/2（最大直径+最小直径）值称为平均直径。直径的测量单位为毫米，精度为0.01。

（2）台宽。台面八边形对角线的距离。台宽比：冠部台面宽度相对于腰平均直径的百分比。

（3）冠高。台面至腰棱（腰部）的上缘之间的距离。冠高比：冠部高度相对于平均直径的百分比。

（4）亭深。腰棱（腰部）的下缘至底尖之间的距离。亭深比：亭部深度相对于平均直径的百分比。

（5）腰厚。腰棱（腰部）的上缘至下缘之间的距离。腰厚比：腰部厚度相对于平均直径的百分比。

2.标准圆钻型琢型切工比例评价

标准圆钻型琢型切工比例评价是根据钻石的上述切工比率级别、修饰度（对称性和抛光级别）对钻石进行综合评价。

按照《钻石分级》（GB/T 16554—2017），钻石切工评价可分为5个等级，即极好（excellent，简写为EX）、很好（very good，简写为VG）、好（good，简写为G）、一般（fair，简写为F）和差（poor，简写为P）5个级别，见表3.2。

表3.2　钻石切工比率分级表

切工级别		修饰度级别				
		极好 EX	很好 VG	好 G	一般 F	差 P
比率级别	极好 EX	极好	极好	很好	好	差
	很好 VG	很好	很好	很好	好	差
	好 G	好	好	好	一般	差
	一般 F	一般	一般	一般	一般	差
	差 P	差	差	差	差	差

（五）克拉重量（质量）

（1）克拉重量（质量）分级。钻石质量的国际计量单位是克拉，英文用carat表示，缩写为ct。1克拉=0.2克。1克拉以下的钻石质量通常用"分"作为计量单位，1克拉=100分，1颗0.5克拉的钻石也可称为50分。

按照国际标准，克拉质量一般保留到小数点后面两位，但进位法则与数学运算中的"四舍五入"不同，实行的是千分位上"八舍九入"的原则。也就是千分位上数字是9时才允许进位，如0.899克拉的钻石可写成0.90克拉，而0.898克拉的钻石只能写成0.89克拉。

（2）钻石的质量估算。根据钻石腰围、直径或高度来估算钻石的质量，如标准圆钻质量=钻石平均直径的平方×高度×0.0061。

在通常情况下，对于标准圆钻，可以通过测量其腰围直径来估测钻石的质量。表3.3给出了钻石腰围直径与质量对照。

表3.3 钻石腰围直径与质量对照

钻石的腰围直径/毫米	钻石的质量/克拉	钻石的腰围直径/毫米	钻石的质量/克拉
2.4	0.05	5.0	0.45
3.0	0.10	5.2	0.50
3.4	0.15	5.9	0.75
3.8	0.20	6.5	1.00
4.1	0.25	7.0	1.25
4.5	0.30	7.4	1.50
4.8	0.40	8.2	2.00

五、钻石仿冒品的鉴别

宝石市场上最常见的与钻石相似的仿冒品主要有合成立方氧化锆和合成碳化硅（莫桑石）。钻石与合成立方氧化锆和莫桑石的主要鉴别特征如下。

（一）肉眼识别

钻石与合成立方氧化锆和莫桑石的肉眼识别主要特征包括颜色、刻面棱重影现象、色散和压线效应等。

1.颜色

钻石和合成立方氧化锆的颜色通常为无色，而莫桑石为淡绿色。因此，肉眼观察颜色即可将莫桑石识别出来。

2.刻面棱重影现象

采用10倍放大镜观察莫桑石，刻面棱会有重影现象出现（图3.15）。而真正的钻石和合成立方氧化锆无此现象。据此，则可以将莫桑石识别出来。

图3.15 莫桑石的刻面棱重影

3.色散

天然钻石的色散或者"出火"现象比较自然柔和，而合成立方氧化锆和莫桑石的"出火"现象要比天然钻石强烈。对色散的观察要具有比较丰富的经验，才可以准确地进行快速鉴别。通过观察色散，就可以将真正的钻石从中鉴别出来。

4.压线效应

将钻石的台面朝下压在一深色线条上，由于钻石的高折射率，透过钻石看不到底面的压线。而合成立方氧化锆和莫桑石则可以看到压线（图3.16）。

| 合成立方氧化锆 | 莫桑石 | 钻石 |

图3.16　钻石和相似宝石的压线法简易识别

（二）仪器鉴定

钻石与合成立方氧化锆和莫桑石的主要仪器鉴别特征包括热导仪、密度等测试。

（1）热导仪。热导仪是专门鉴别钻石的仪器，又称为钻石笔。用热导仪分别测试这三种宝石，其中真正钻石的蜂鸣声最大，仪器上的指示灯全亮。而合成立方氧化锆和莫桑石的蜂鸣声不大，仪器上的指示灯部分亮起。

（2）密度。钻石的密度通常约为3.52克/厘米^3。合成立方氧化锆的密度通常为5.6～6.0克/厘米^3。莫桑石的密度通常约为3.2克/厘米^3。因此，密度测试即可将莫桑石和合成立方氧化锆从真正的钻石中鉴别出来。

第二节　钻石的投资要点及趋势分析

一、钻石的投资要点

在收藏和投资钻石时，应重点注意以下几点。

（1）首先要考虑钻石的品种，即投资彩色钻石还是白色系列钻石。一般而言，彩色钻石的价值要高出白色系列钻石几十倍甚至几百倍。而白色系列钻石则较为普遍。因此，投资者和收藏者应根据自身的实力和经济条件作出适合自己的选择。

对于普通收藏和投资者而言，一般选择白色系列钻石较为合适。

在白色系列钻石中，即通常所说的钻石，可以根据钻石的颜色分级标准进行收藏和投资，最好的为D色。作为收藏和投资的钻石，其色级最好在F色以上，即98色以上。对于品质非常好、价值较高的钻石，最好要配有权威机构签发的宝石鉴定证书。

（2）钻石的净度。钻石净度从无瑕级（LC）直到P级（重瑕级），其净度从高到低，价值依次降低。对于投资者而言，最好选择VVS级以上的钻石为好。

（3）钻石的切工。钻石切工的优劣能直接反映出钻石的亮度和"火彩"。一般切工和完美切工之间的价差约为40%甚至更高。

需要特别指出的是，在彩色钻石中，颜色的稀有性依次为粉红色、绿色、蓝色、金黄色、褐色和黄色，它们的价值也依次降低。其中，粉红色钻石非常稀少，价值最高。

由于彩色钻石的稀有性，目前市场上出现过人工处理的彩色钻石。处理的方法有辐照处理、高温高压处理等，经过处理的钻石可以呈红色、粉红色、绿色、蓝色和黄色等各种颜色。

因此，在收藏和投资彩色钻石时，一定要对欲投资的彩色钻石配有权威机构的鉴定证书，如美国珠宝学院（GIA）钻石鉴定证书。

同时，在收藏和投资时一定要谨慎。要根据个人的需要，必要时要通过权威的专业检测机构进行专门检测，以防投资失误和资金损失，做到谨慎投资、快乐投资。

（4）钻石原石投资。对钻石的原石感兴趣的投资者，应特别注意以下几点。

① 首先要考虑钻石原石晶形的完整性。例如，对于钻石的立方体晶形，在收藏和投资时，晶形应完整，棱角分明且无缺损，特别是钻石原石的顶端应尖锐，无缺损，满足这些要求的钻石收藏和投资价值很高。而晶形不完整，棱角不分明，且有缺损或者有顶端缺损的

钻石收藏和投资价值则很低。

② 其次要考虑钻石原石晶形组合的完整性。钻石原石的晶形主要包括立方体、八面体和菱形十二面体。在收藏和投资时，如果能够将上述三种晶形收集齐全，形成一个完整成套的晶形组合，那么这样的成套的晶形组合要比单个或者两个晶形组合都要高。

③ 最后要考虑钻石原石是否带有基岩。钻石的基岩或母岩是金伯利岩。金伯利岩是火山岩中的超基性岩，因发现于南非的金伯利（Kimberley）而得名。金伯利岩在岩石学上称为角砾云母橄榄岩，多呈黑、暗绿和灰等色。

如果立方体、八面体或菱形十二面体的钻石带有基岩，那么这样的钻石要比不带基岩的钻石具有更高的收藏和投资价值。

值得指出的是，钻石原石的收藏和投资需要较大的经济实力支撑。投资者和收藏者应根据自身的实力和经济条件作出适合自己的选择，不可一味强求。

二、钻石的投资趋势分析

钻石被誉为宝石之王，位居五大宝石之首，自古以来都是皇室贵族的"专属"奢侈品。目前，钻石是最具收藏和投资价值的宝石之一，在宝石收藏和投资市场上一直占据主要的地位。再加之钻石又具有美丽而稀有、坚硬而璀璨等特点，象征着财富和地位。因此，钻石的投资会一直保持良好的发展态势。

习题

一、是非判断题（每题10分，共40分）

（　　）1.世界上最大的钻石名为"库里南"钻石，重达3106克拉，产自南非的普列米尔（Premier）矿区。

（　　）2.我国现存最大的钻石名为"常林钻石"，1977年发现于山东省临沭县常林村。

（　　）3.肉眼识别钻石和莫桑石的最主要依据是光泽、颜色和刻面棱重影现象。钻石具有金刚光泽，而莫桑石为淡绿色，且可见刻面棱重影现象。

（　　）4.钻石质量的国际计量单位是克拉。与一般的宝石质量一样，用克拉表示的钻石质量也采用四舍五入进位法则，保留到小数点后两位数。

二、单项选择题（每题8分，共40分）

1.钻石和合成立方氧化锆肉眼识别的最主要特征是 _____。

    A.透明度　　　　　　　　　　　　　B.光泽

    C.色散　　　　　　　　　　　　　　D.颜色

2.标准圆钻型琢型钻石由冠部、亭部和腰围组成，其中冠部由1个台面和_____个小面组成。

    A.32　　　　　　　　　　　　　　　B.28

    C.24　　　　　　　　　　　　　　　D.20

3.在国际珠宝习俗和文化中，钻石是 _____ 的生辰石，象征坚贞和纯洁无瑕。

    A.2月份　　　　　　　　　　　　　B.4月份

    C.5月份　　　　　　　　　　　　　D.8月份

4.在钻石的颜色分级中，字母和数字均可以表示颜色等级。其中H色对应的数字分级应该是 _____。

    A.93　　　　　　　　　　　　　　　B.94

    C.95　　　　　　　　　　　　　　　D.96

5.在美国珠宝学院（GIA）钻石净度分级中，净度的最高级别是 _____。

    A.FL　　　　　　　　　　　　　　　B.IF

    C.VVS$_1$　　　　　　　　　　　　　D.SI$_1$

三、简答题（每题5分，共20分）

1.简述钻石和金刚石的主要区别。

2.简述钻石的内部包裹体种类及其主要特征。

3.简述钻石的4C质量评价依据。

4.简述钻石的投资要点。

第四章

红宝石的鉴定技巧和
投资要点

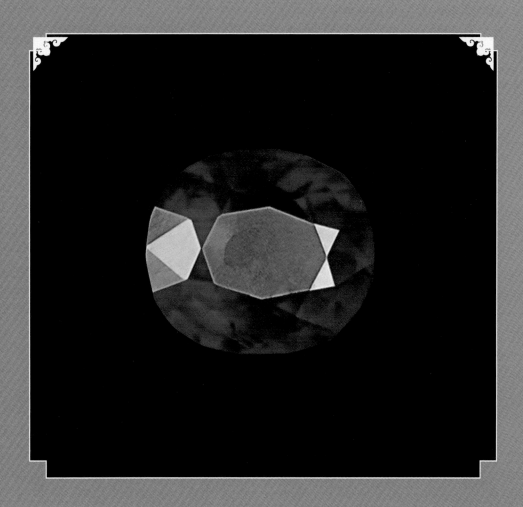

第一节　红宝石鉴定

一、红宝石的必备知识

（一）红宝石的概念

红宝石是指品质达到宝石级的红色刚玉。刚玉是红宝石的矿物学名称。也就是说，并不是所有的红色刚玉都是红宝石，只有少数颜色、净度等达到宝石级的红色刚玉，才可以称为红宝石。红宝石是缅甸的国石。

红宝石是五大珍贵宝石之一，其品质仅次于宝石之王——钻石，是宝石中的贵族。

红宝石的主要化学成分是Al_2O_3，因含有微量元素Cr（铬）而呈红色。

（二）红宝石的颜色

红宝石常见颜色有红、橙红、紫红、褐红等。不含杂质离子的纯净刚玉晶体是无色的。

红宝石中红色最好的品种是缅甸产的"鸽血红"红宝石。

（三）生辰石和结婚周年纪念石

（1）生辰石。在国际宝石文化中，红宝石被誉为7月份生辰石，象征爱情、热情和高尚品德。红宝石一直以来，被人们誉为"爱情之花"；同时，也将红宝石作为重要的馈赠信物。拥有一颗心仪的红宝石饰品已经成为人们共同的精神追求。

（2）结婚周年纪念石。在国际宝石文化中，国际宝石界又将红宝石誉为结婚40周年的纪念石，寓意爱情美满长久、生活幸福。

（四）红宝石的形成和产地

1.形成

红宝石通常产于变质大理岩中，如缅甸抹谷的红宝石即属此类型；同时，红宝石也产于伟晶岩中，如坦桑尼亚的红宝石矿床即产在伟晶岩中。

2.主要产地

世界上优质红宝石的主要产地是缅甸、泰国和斯里兰卡等。

（1）缅甸。缅甸抹谷以盛产红宝石而闻名遐迩。缅甸红宝石最好的称为"鸽血红"红宝石。缅甸产出的最大"鸽血红"红宝石，重约55克拉；而产出的最大红宝石，重约3450克拉。

缅甸红宝石最大的特点是在其内部有针状金红石包裹体，这些金红石针状包裹体常沿三个方向定向排列，相互间为120º相交。这种结构是鉴定缅甸红宝石的重要特征之一。

（2）泰国。泰国的曼谷是世界上最重要的红宝石交易市场，世界上大约80%红宝石都要在泰国曼谷交易。泰国也是红宝石的重要产出国之一，泰国红宝石因铁含量高，颜色较深，透明度较低，多呈暗红色至棕红色，有时略带紫色色调。

（3）斯里兰卡。斯里兰卡是印度洋上的一个宝岛，产出的宝石品种约占全世界宝石品种的一半以上。斯里兰卡盛产红宝石、蓝宝石、金绿宝石及托帕石等，被誉为宝石王国。斯里兰卡红宝石以透明度高、颜色柔和而闻名于世，而且颗粒较大。其颜色常呈亮丽的浅红色。

斯里兰卡红宝石内部除含有针状金红石包裹体和流体包裹体外，常含有黑云母包裹体。

（五）著名红宝石

1.卡门·露西亚红宝石

世界上最著名的"鸽血红"红宝石是卡门·露西亚红宝石（图4.1）。这颗优质红宝石重约23.1克拉。

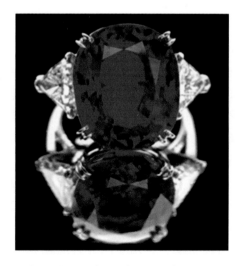

图4.1　卡门·露西亚红宝石

2.罗斯利夫斯星光红宝石

罗斯利夫斯星光（Rosser Reeves Star）红宝石见图4.2，重约138.7克拉，世界罕见。该星光红宝石产自斯里兰卡。

图4.2　罗斯利夫斯星光红宝石

3."朱比莉"红宝石

"朱比莉"（Jubilee Ruby）红宝石见图4.3，重约15.99克拉。

图4.3　"朱比莉"红宝石

二、我国红宝石资源优势

我国是出产宝石的大国。在祖国辽阔的大地上，蕴藏着丰富的珠宝玉石资源，其中就包括珍贵的红宝石资源。我国红宝石资源主要发现于云南、安徽和青海等地，其中云南红宝石品质较好。

三、红宝石的简单鉴定

1.肉眼识别

红宝石的肉眼识别特征主要包括如下。

（1）颜色。颜色是识别红宝石的最重要特征之一。红宝石的颜色为不同色调的红色，大多数红宝石的颜色均有红中偏紫的现象。

（2）光泽。光泽较强，一般为玻璃光泽至亚金刚光泽（图4.4）。

图4.4　红宝石的玻璃光泽

（3）色带。肉眼观察的第一印象是天然红宝石颜色鲜明但不均匀，可见到深浅不同的平直色带（图4.5）和生长纹。合成红宝石见不到平直色带和生长纹，可见到弧形生长纹和气泡。这是识别天然红宝石与合成红宝石的主要依据之一。

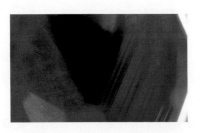

图4.5　红宝石中的平直色带

（4）透明度。红宝石透明度从透明至不透明均有，有时裂隙较发育。透明度越高，质量越好。

（5）包裹体。绝大多数天然产出的红宝石内部都含有矿物包裹体。通过10倍放大镜观察，天然红宝石内部缺陷多，几乎所有天然红宝石都存在气、液包裹体，往往成群出现，而且有呈短柱状、针状、粒状等的固体包裹体存在。而合成红宝石中的固体包裹体较少，看起来内部比较干净。包裹体是区分天然红宝石与合成红宝石的主要依据之一。

（6）硬度。红宝石的莫氏硬度（又译摩氏硬度）为9，仅次于钻石。因此，小刀划不动红宝石。这也是简单测试红宝石硬度的简易经验方法。但是，这种方法具有破坏性，应谨慎使用，以免对被测宝石产生破坏。

（7）原石断口形态。对于红宝石原石的肉眼识别，除颜色外，原石的贝壳状断口也是识别的主要依据之一。

2.仪器鉴定

红宝石的仪器鉴定主要包括：密度、光性和折射率等测试。值得一提的是，在所有宝石鉴定中，密度和折射率是必不可少的主要鉴定指标，通过准确测得未知宝石的这两个指标，再结合其他有鉴定意义的特征，即可确定宝石的品种。

（1）密度。红宝石的密度约为（4.00±0.05）克/厘米^3。

（2）光性测试。红宝石为光性非均质体，因此在偏光镜下为四明四暗。

（3）折射率。红宝石的折射率为

1.762 ～ 1.770（+0.009，–0.005）。

天然和合成红宝石的鉴定特征基本相似，也就是说其密度、折射率、颜色、光泽等基本相似。二者最大的区别就是包裹体。一般而言，天然红宝石中均含有杂质包裹体，而且其透明度和净度也较差一些。而合成红宝石一般内部包裹体很少见，净度和透明度较好，而且颜色较均匀。

四、红宝石的品质评价

红宝石的品质评价主要依据颜色、质量、透明度和净度、切工以及特殊光学效应。品质评价的首要因素是颜色，其次是质量、透明度、净度和特殊光学效应。

1.颜色

颜色是影响红宝石品质的最重要因素。颜色最好的红宝石是产于缅甸抹谷的"鸽血红"红宝石。这种红色的颜色饱和度很高、纯正，而且色泽鲜亮，酷似鸽血的红色（图4.6），故称为"鸽血红"。其次为粉红色和紫红色，玫瑰红色较差（图4.7）。

图4.6　"鸽血红"红宝石

图4.7　玫瑰红色红宝石

2.质量

一般而言，红宝石质量越大越好。因红宝石产出较少，颗粒较小，大颗粒的红宝石比较少见。透明度高、颜色艳丽的刻面型红宝石质量大于5克拉的较少见，10克拉以上的红宝石，如果颜色和透明度均较好，就属于珍品。

3.透明度和净度

红宝石中含有大量的瑕疵、裂隙、杂质等，它们的存在降低了红宝石的品质。一般就净度而言，红宝石内部瑕疵、裂隙、杂质等越少，内部就越洁净，透明度越高，其品质就越好。对于刻面型红宝石，透明度从低到高，依次分为透明、半透明、微透明和不透明。

4.切工

一般而言，红宝石的切工要求：宝石总体对称，刻面宝石的低尖在宝石台面的投影点正好与台面的中心点重合。红宝石的切工越完美，其品质越高。

5.特殊光学效应

一般而言，如果红宝石能够表现出

星光效应，那么这粒红宝石的品质就较高。根据星光的条数，可将星光分为4射、6射、8射等，其中6射星光最为常见。

此外，对星线的要求：星线要明亮，几条星线要严格交于一点，而且这一交点正好位于弧面的中央顶点上；星线要长，最好是从宝石的一侧底边延伸至另一侧底边；星线越细越好。

总之，一粒红宝石颜色越鲜艳、内部越洁净，且各部分切工比例越均衡完美、粒度越大，其价值越高。

五、红宝石的优化处理及鉴别

红宝石是世界上五大珍贵宝石之一。其之所以珍贵，原因之一是它的产量很少。因此，世界范围内，优质的红宝石罕见，粒度较大的优质红宝石的价格甚至可以和钻石相媲美。为了满足珠宝市场的需要，对于一些色泽不正，常常带有棕色或蓝色调的红宝石，通常需要进行热处理、充填处理和染色处理等，改善宝石的颜色、光泽以及愈合其中裂隙等，以提高宝石的质量。

1.热处理

热处理是红宝石最常见的处理方法。热处理是在一定的物理和化学条件下，对红宝石进行加热处理，使其颜色改善的处理技术。市场上所售的红宝石大多经过加热处理。

10倍放大镜下观察，经过加热处理的红宝石具有以下特征：可见宝石表面被局部熔融；内部固体包裹体周围出现片状、环状应力裂纹；丝状和针状包裹体呈断续丝状或微小点状。

2.充填处理

"十宝九裂"，几乎每种宝石都有不同程度的微裂隙。充填处理是指对有微裂隙的宝石，特别是红宝石，加入充填物，以达到愈合裂隙，提高宝石品质的目的。充填处理实际上是宝石处理的一种常见方法。通常采用的充填物有植物油、树脂、石蜡等。鉴别方法如下。

（1）放大镜检查。以10倍放大镜检查，可见裂隙或表面空洞中有玻璃状充填物和残留气泡等，且表面光泽有差异。

（2）充填物特征。对高铅玻璃充填的红宝石放大检查时，可见充填物呈不规则网脉状或斑块状沿裂隙分布，并出现不同程度的蓝-蓝紫色"闪光"。

（3）荧光。充填处理的红宝石常显示出强蓝色荧光。

（4）光谱检查。最可靠的检测方法是用红外光谱仪和拉曼光谱仪对宝石进行检测，测试图谱上会出现特征的充填物的对应谱线，一目了然，直观可靠。

3.染色处理

染色处理是将颜色较差的红宝石放入红色染色剂中浸泡，使红色染色剂沿着红宝石的微裂隙，渗透进入宝石内部，从而使红宝石呈现出美丽的红色。染色处理的红宝石鉴别方法如下。

（1）肉眼观察。肉眼观察可见染色处理的红宝石的红色通常沿着宝石的裂隙分布，而且裂隙处红色的浓度较高。

（2）棉签擦拭。用蘸有丙酮的棉签擦拭宝石，白色的棉签被染成红色。原因是红色试剂溶解于丙酮，故使棉签变色。

（3）光谱检查。实验室最可靠的检测方法是用红外光谱仪和拉曼光谱仪对宝石进行检测，测试图谱上会出现特征的有机染料的对应谱线，清晰可靠。

（4）荧光。染色处理的红宝石紫外光下可发橙黄-橙红色荧光。

第二节　红宝石的投资要点及趋势分析

一、红宝石的投资要点

红宝石的投资主要应关注以下几点。

（1）星光效应。具有星光效应的红宝石最具鉴赏和收藏价值。

（2）颜色。颜色中"鸽血红"的红宝石最具收藏和投资价值。

二、红宝石的投资趋势分析

红宝石属于五大宝石之一，仅次于宝石之王——钻石，历来是收藏和投资的最主要品种之一。世界上著名的艺术品拍卖公司或拍卖行每年红宝石的拍卖价格屡创新高。优质红宝石一直是价值和财富的象征。

1.颜色

在投资和收藏红宝石时，首先要考虑颜色。红宝石最好的颜色是"鸽血红"色，而且颜色要鲜艳、饱满、纯正，不带其他杂色。

2.产地

缅甸产出的"鸽血红"红宝石最具收藏和投资价值。

3.星光效应

具有星光效应的红宝石，其价值远高于没有星光效应的普通红宝石。

4.质量

在满足上述三点后，质量越大，其收藏和投资价值越高，升值的潜力也越大。

目前市场上大部分红宝石质量在2～3克拉，大于5克拉的较少见，大于10克拉则较罕见。

5.透明度和净度

透明度和净度越高，红宝石的投资价值越高，即红宝石中的裂隙和杂质要越少越好。

6.鉴定证书

对于品质非常好，价值较高的红宝石，特别是缅甸产出的"鸽血红"红宝石，最好要配有权威机构签发的宝石鉴定证书。

在收藏和投资时，要注意的是，市场上有些红宝石是经过热处理、染色、充填和扩散处理过的，在收藏和投资上一定要谨慎。特别是对于档次高、价值昂贵的红宝石，在收藏和投资时，应根据个人的需要，必要时要通过权威的专业检测机构进行专门检测，以防投资失误和资金损失。

红宝石一直是收藏和投资市场的宠儿，也是财富的象征。红宝石的收藏和投资价值可以从拍品的成交价格略见一斑。

如图4.8所示为一枚镶钻的红宝石戒指，因买家是劳伦斯·格拉夫，故得名为格拉夫红宝石戒指。其为产自缅甸的"鸽血红"红宝石，质量约为8.62克

拉，在2014年的日内瓦苏富比拍卖会上最终成交价约为860万美元，远远超出了之前的估价。

图4.8　格拉夫红宝石戒指

 习题

一、是非判断题（每题10分，共30分）

（　）1.就宝石的品质而言，天然红宝石的品质远高于合成红宝石。

（　）2.高铅玻璃充填的红宝石用放大镜检查时，可见充填物呈不规则网脉状或斑块状沿裂隙分布，并出现不同程度的蓝-蓝紫色"闪光"。这是肉眼识别充填红宝石的重要依据。

（　）3.肉眼识别天然红宝石和合成红宝石的主要依据是天然红宝石具有平直的色带和生长纹，而合成红宝石则呈弧形的生长纹，且内部含有气泡。

二、单项选择题（每题10分，共40分）

1.世界上优质"鸽血红"红宝石的主要产地是＿＿＿＿＿＿＿。

　　A.泰国　　　　　　　　　　　　B.缅甸

　　C.斯里兰卡　　　　　　　　　　D.俄罗斯

2.国际宝石界将红宝石誉为＿＿＿＿＿的生辰石和＿＿＿＿＿的结婚周年纪念石。

　　A.4月份，30周年

　　B.7月份，40周年

　　C.8月份，10周年

　　D.10月份，20周年

3.宝石中的包裹体是判断宝石产地的主要依据之一，如果红宝石中含有针状金红石定向排列组成的交织结构，则其产地为_____。

    A.泰国   B.缅甸

    C.斯里兰卡   D.马达加斯加

4.红宝石因含有微量元素_____而呈红色。

    A.铝   B.钛

    C.铁   D.铬

三、简答题（每题10分，共30分）

1.简述世界红宝石的主要产地及其特征。

2.简述红宝石肉眼识别的主要依据。

3.简述红宝石的质量评价标准和投资要点。

第五章

蓝宝石的鉴定技巧和
投资要点

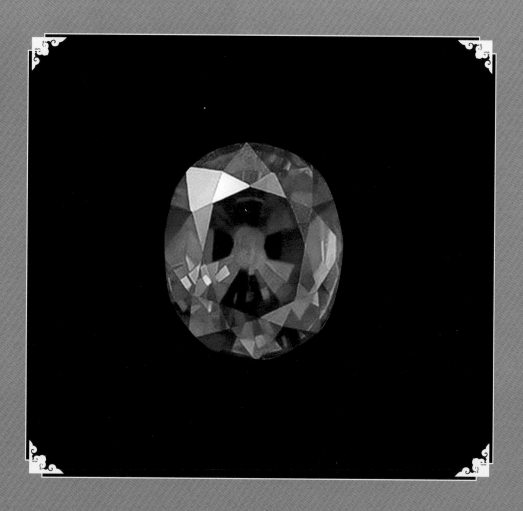

第一节　蓝宝石鉴定

一、蓝宝石的必备知识

（一）蓝宝石的概念

蓝宝石是指颜色除红色以外、品质达到宝石级的刚玉。刚玉是蓝宝石的矿物学名称。也就是说，并不是所有除红色外的刚玉都是蓝宝石，只有少数颜色、净度等达到宝石级的刚玉，才可以称为蓝宝石。

蓝宝石和红宝石同属于刚玉族，主要化学成分都是 Al_2O_3。因此，二者的性质基本相同。只是在颜色、微量元素和内部特征等方面有所区别。

蓝宝石是世界五大珍贵宝石之一，它和红宝石一起被誉为"姊妹宝石"。

（二）蓝宝石的命名

在不同颜色的蓝宝石命名中，将其本身的颜色写在蓝宝石的前面即可，如一粒黄色的蓝宝石，命名为黄色蓝宝石。

（三）蓝宝石的颜色

蓝宝石常见颜色有：蓝色、浅蓝色、深蓝色、紫蓝色、绿色、黑色、灰色和无色等。不含任何杂质离子的纯净蓝宝石晶体是无色的。

蓝宝石的致色离子是铁（Fe）离子和钛（Ti）离子。

蓝宝石中蓝色最好的品种是克什米

尔地区所产的"矢车菊"（图5.1）蓝色的蓝宝石（图5.2）。

图5.1　矢车菊

图5.2　"矢车菊"蓝色的蓝宝石（一）

（四）生辰石和结婚周年纪念石

1. 生辰石

在国际宝石文化中，蓝宝石被誉为9月份生辰石，佩戴蓝宝石象征慈爱、忠诚、坚贞和德高望重。

在蓝宝石中，具有星光效应的星光蓝宝石被誉为"命运之石"，佩戴它能给人带来平安和好运。

2.结婚周年纪念石

在国际宝石文化中，国际宝石界普遍将蓝宝石誉为结婚45周年的纪念石。

（五）蓝宝石的形成和产地

1.形成

蓝宝石通常产于岩浆成因的玄武岩中，如产于我国的山东昌乐以及泰国的蓝宝石等即属此种类型；而且，蓝宝石也产于伟晶岩中，如著名的克什米尔蓝宝石、坦桑尼亚的蓝宝石矿床均产在伟晶岩中。此外，冲积砂矿是蓝宝石的主要来源。例如，缅甸抹谷的冲积砂矿是世界宝石资源的重要产地，其中最主要的就是红宝石和蓝宝石。

2.世界蓝宝石的主要产地

世界蓝宝石产地主要包括：缅甸、斯里兰卡、泰国、克什米尔、中国、澳大利亚、柬埔寨等国家和地区。这些国家和地区产出的蓝宝石，其所含的内含物有所不同。

（1）斯里兰卡蓝宝石。呈暗淡的灰蓝色至浅蓝紫色（图5.3），颜色分布不均，有色带条纹等，但光彩明亮，琢磨成弧面宝石后可呈六射星光。

图5.3　斯里兰卡蓝宝石

图5.4　泰国蓝宝石

（2）泰国蓝宝石。呈深蓝色、淡灰蓝色、略带紫色调的蓝色，颜色较深（图5.4），透明度较低。

（3）克什米尔蓝宝石。颜色呈"矢车菊"的蓝色，即艳蓝色中带少许紫色，颜色的明亮度高，色鲜艳，属于蓝宝石中的珍品。

（4）缅甸抹谷蓝宝石。呈微紫蓝色，蓝色鲜艳，部分蓝宝石琢磨成弧面宝石后可呈六射或十二射星光。

（5）澳大利亚蓝宝石。澳大利亚产出的蓝宝石，由于铁的含量高，因而颜色较暗，多呈黑蓝色、深蓝色、黄色、绿色或褐色。

（六）著名蓝宝石

（1）澳大利亚昆士兰星光蓝宝石。昆士兰星光蓝宝石发现于澳大利亚昆士兰州，这颗蓝宝石原石重约1156克拉，加工后重约733克拉。它是目前世界上最大的星光蓝宝石，颜色为黑褐色至深褐色，并带有紫色、蓝色和绿色色调（图5.5）。

图5.5 昆士兰星光蓝宝石

图5.7 "亚洲之星"蓝宝石

二、我国蓝宝石资源优势

我国是蓝宝石的重要产出国之一。其中，最主要的产地是山东潍坊的昌乐县。

山东昌乐蓝宝石颗粒较大，裂隙较少，但颜色较深，主要呈深蓝色（图5.8）。1991年在昌乐县发现了罕见的蓝宝石中的珍品——"鸳鸯宝石"，一半为蓝色，另一半为红色，观赏和收藏价值很高。

图5.6 "印度之星"蓝宝石

（2）"印度之星"蓝宝石。"印度之星"蓝宝石是世界上第二大星光蓝宝石（图5.6），重约563克拉。其呈六射星光，星线细长，三条星线交于一点，星光完美无缺，堪称稀世珍宝。现存于美国纽约自然历史博物馆。

（3）"亚洲之星"蓝宝石。"亚洲之星"蓝宝石为缅甸产的星光蓝宝石（图5.7），重约330克拉，现存于美国华盛顿斯密森博物馆。这颗蓝宝石的星光效应非常明显，而且星线细长、清晰，几乎贯穿了这个宝石，加工工艺精湛，星线的交点恰好位于弧面宝石的顶端中央。

图5.8 山东昌乐蓝宝石

此外，在我国的福建、海南、黑龙江和江苏等地也发现了宝石级的蓝宝石矿。

三、蓝宝石的简单鉴定

1.肉眼识别

蓝宝石的肉眼识别特征主要包括如下。

（1）光泽。蓝宝石的光泽较强，一般为玻璃光泽至亚金刚光泽。

（2）颜色及色带。大多数蓝宝石的颜色为蓝色、深蓝色、浅蓝色、蓝绿色等。由于蓝宝石颜色分布不均匀，因此常可见到深浅不同的平直色带和生长纹（图5.9）。一般而言，蓝宝石颜色不是其识别的主要依据，但平直色带和生长纹是其识别的主要依据之一。而合成蓝宝石中常见弧形的生长纹（图5.10）。

图5.9　蓝宝石中的平直色带和生长纹

图5.10　合成蓝宝石中的弧形生长纹

（3）透明度。蓝宝石的透明度从透明至不透明均有。多数蓝宝石透明度相对较高。

（4）包裹体。10倍放大镜下观察，大多数天然产出的蓝宝石内部常含有矿物包裹体或指纹状包裹体。

（5）多色性。蓝宝石多色性较强。蓝色蓝宝石有时肉眼即可见到蓝色/蓝绿色的多色性，如图5.11所示即可肉眼观察到蓝宝石具有蓝色和黄色的二色性。

图5.11　蓝宝石二色性

（6）特殊光学效应。蓝宝石常可具有星光效应，偶见变色效应。

（7）硬度。蓝宝石的莫氏硬度为9，仅次于钻石。因此，小刀划不动蓝宝石。这也是简单测试蓝宝石硬度的简易经验方法。但是，这种方法具有破坏性，应谨慎使用，以免对被测宝石产生破坏。

（8）断口形态。对于蓝宝石原石的识别，其贝壳状断口也是识别其原石的主要依据之一（图5.12）。

图5.12　蓝宝石贝壳状断口

2.仪器鉴定

蓝宝石的仪器鉴定主要包括密度、光性和折射率等测试。

（1）密度。与红宝石相似，蓝宝石的密度为4.00（+0.10，−0.05）克/厘米^3。

（2）光性。蓝宝石为光性非均质体，因此在偏光镜下为四明四暗。

（3）折射率。蓝宝石的折射率为1.762～1.770（+0.009，−0.005）。

天然和合成蓝宝石的鉴定特征基本相似，也就是说其密度、折射率、光性等基本相似。二者最大的区别就是包裹体。一般而言，天然蓝宝石中均或多或少含有杂质包裹体，因此其透明度和净度也较差一些（图5.13）。而合成蓝宝石一般而言内部包裹体少见，净度和透明度较好，而且颜色较均匀（图5.14）。

图5.13　天然蓝宝石

图5.14　合成蓝宝石

四、蓝宝石的品质评价

蓝宝石的品质评价主要依据颜色、质量、净度和透明度、切工以及特殊光学效应等。其品质评价的首要因素是颜色，其次是质量、透明度、净度和特殊光学效应等。

1.颜色

颜色是评价蓝宝石品质优劣的最重要因素。

颜色最好的蓝宝石是产于克什米尔地区的"矢车菊"蓝色的蓝宝石（图5.15）。这种蓝色的颜色饱和度很高、纯正，其特点是蓝中带紫；淡蓝色和灰蓝色则较差（图5.16）。

图5.15　"矢车菊"蓝色的蓝宝石（二）

图5.16　灰蓝色蓝宝石

2.质量

一般而言，蓝宝石质量越大越好。就质量而言，蓝宝石一般都比红宝石要大一些。通常质量大于10克拉的蓝宝石已不多见，如果颜色和透明度均较好，那么就比较珍贵。

3.透明度和净度

蓝宝石中含有瑕疵、裂隙、杂质等包裹体相对较少。一般就净度而言，蓝宝石内部瑕疵、裂隙、杂质等包裹体越少，内部就越洁净，透明度越高，其品质就越好。对于刻面型蓝宝石，透明度从高到低，依次分为透明、半透明、微透明和不透明。但对于星光蓝宝石，则透明度越低，星光效应越明显，则价值越高。

4.切工

一般而言，蓝宝石的切工要求：宝石总体对称，刻面宝石的低尖在宝石台面的投影点正好与台面的中心点重合。蓝宝石的切工越完美，其品质越高。

5.特殊光学效应

一般而言，如果蓝宝石能够表现出星光效应，那么这粒蓝宝石的品质就较高。根据星光的条数，可将星光分为4射、6射和8射等，其中6射星光最为常见。

此外，对星线的要求：星线要明亮，几条星线要严格交于一点，而且这一交点正好位于弧面的中央顶点上；星线要长，最好是从宝石的一侧底边延伸至另一侧底边；星线越细越好（图5.17）。

图5.17　星光蓝宝石

总之，一粒蓝宝石颜色越鲜艳、内部越洁净、各部分切工比例越均衡完美、粒度越大，其价值越高。

五、蓝宝石的优化处理及鉴别

蓝宝石是世界上五大珍贵宝石之一。对于一些颜色等品质不好的蓝宝石，通常应进行热处理、扩散处理、染色处理和辐照处理等，以改善宝石的颜色、光泽以及愈合其中裂隙等，提高宝石品质。

1.热处理

与红宝石相似，热处理也是蓝宝石最常见的处理方法。热处理是在一定的物理和化学条件下，对蓝宝石进行加热处理，使其颜色改善的处理技术。市场上所售的蓝宝石大多经过加热处理。

10倍放大镜下观察，经过加热处理的蓝宝石具有以下特征：可见宝石表面被局部熔融；内部固体包裹体周围出现片状、环状应力裂纹；丝状和针状包裹体呈断续丝状或微小点状。有些热处理蓝宝石在短波下呈弱蓝绿色荧光。

2.扩散处理

扩散处理是指对切割成型的无色刚玉的一种特殊热处理形式，目的是使无色刚玉的外层诱发蓝色和星光。通常有表面处理和体扩散处理（又称铍扩散）两种方式。经前者处理后的颜色较后者要浅。扩散蓝宝石的蓝色是由钴的扩散产生的，而粉橙色则是由铍扩散产生的。

鉴别方法如下。

（1）放大检查，可见裂纹、凹坑等处颜色富集。扩散处理的星光蓝宝石星线细而直，表层可见由白点组成的絮状物。铍扩散蓝宝石可见表面微晶化，锆石包裹体有重结晶现象。钴扩散蓝宝石表面可见浅蓝色斑点。

（2）荧光。有些扩散处理的蓝色蓝宝石在短波紫外光下可有蓝白色或蓝绿色荧光。

（3）吸收光谱。有些扩散处理的蓝色蓝宝石无450纳米（nm）吸收带，钴扩散蓝宝石可见钴的特征吸收带。

3.染色处理

染色处理是将颜色较差的蓝宝石放入染色剂中浸泡，使染色剂沿着蓝宝石的微裂隙渗透进入宝石内部，从而使蓝宝石呈现出美丽的颜色。

鉴别方法如下。

（1）肉眼观察。肉眼观察可见染色处理的蓝宝石的颜色通常沿着宝石的裂隙分布，而且裂隙处颜色的浓度较高。

（2）棉签擦拭。用蘸有丙酮的棉签擦拭宝石，白色的棉签被染色剂污染。原因是染色剂溶解于丙酮，故使棉签变色。

（3）光谱检查。实验室最可靠的检测方法是用红外光谱仪和拉曼光谱仪对宝石进行检测，测试图谱上会出现特征的有机染料的对应谱线，清晰可靠。

4.辐照处理

辐照处理是将无色、浅黄色和浅蓝色蓝宝石经辐照可产生深黄色或橙黄色，处理后的颜色极不稳定，不易检测。

第二节　蓝宝石的投资要点及趋势分析

一、蓝宝石的投资要点

蓝宝石的投资主要应关注以下几点。

（1）颜色。颜色中"矢车菊"蓝色的蓝宝石是蓝宝石中颜色最好的品种，因而收藏和投资价值很高。

（2）星光效应。具有星光效应的蓝宝石投资和收藏价值较高。

（3）质量。一般而言，蓝宝石质量越大，其收藏和投资价值越高，升值的潜力也越大。

（4）透明度和净度。透明度和净度

越高的蓝宝石，越有投资价值。也就是说，蓝宝石中的裂隙和杂质要越少越好。

（5）星光效应。具有星光效应的蓝宝石其价值远高于没有星光效应的普通蓝宝石。

（6）鉴定证书。对于品质非常好、价值较高的蓝宝石，特别是克什米尔的"矢车菊"蓝色的蓝宝石，最好要配有权威机构签发的宝石鉴定证书。

值得一提的是，在收藏和投资时，要注意的是，市场上有些蓝宝石是经过热处理、染色、辐照和扩散处理过的，在收藏和投资上一定要谨慎。特别是对于档次高、价值昂贵的蓝宝石，在收藏和投资时，应根据个人的需要，必要时通过权威的专业检测机构进行专门检测，以防投资失误和资金损失。

二、蓝宝石的投资趋势分析

蓝宝石属于五大宝石之一，仅次于钻石和红宝石，蓝宝石与钻石和红宝石一样，也一直是收藏和投资市场的宠儿。每年世界上著名的艺术品拍卖公司或拍卖行，蓝宝石的拍卖价格屡创新高。蓝宝石的投资有着良好的发展趋势。

蓝宝石的收藏和投资价值可以从近年来拍品的成交价格略见一斑。如图5.18所示为一枚镶钻的蓝宝石手链，其中产自克什米尔的蓝宝石质量约为43.10克拉。在2020年举行的纽约佳士得拍卖会上，其以约603万美元成交。

图5.18　蓝宝石手链

 习题

一、是非判断题（每题10分，共40分）

（　）1.蓝宝石是指品质达到宝石级的蓝色刚玉。

（　）2.发现于澳大利亚昆士兰州的星光蓝宝石，颜色主要为黑褐色至深褐色，原石重约1156克拉。它是目前世界上最大的星光蓝宝石。

（　）3.蓝宝石具有较强的多色性，蓝色蓝宝石有时肉眼即可见到蓝色/蓝绿色的多色性，这也是肉眼识别蓝宝石的依据之一。

（　）4.肉眼识别天然蓝宝石和合成蓝宝石的主要依据是天然蓝宝石具有平直色

带和生长纹，而合成蓝宝石则呈弧形的生长纹，且内部含有气泡。

二、单项选择题（每题10分，共40分）

1.蓝宝石中颜色最好的是"矢车菊"蓝色的蓝宝石，其产地是_____。

    A.克什米尔   B.缅甸抹谷

    C.俄罗斯乌拉尔   D.哥伦比亚莫佐

2.蓝色蓝宝石中的致色元素是_____。

    A.铬   B.铁   C.钛   D.铁+钛

3.国际宝石界将蓝宝石誉为_____的生辰石和_____的结婚周年纪念石。

    A.4月份，30周年   B.7月份，40周年

    C.9月份，45周年   D.10月份，20周年

4.扩散处理可以改善蓝宝石的颜色。经扩散处理而得到的蓝色蓝宝石是由_____的扩散而导致的。

    A.钴   B.铍   C.铁   D.锰

三、简答题（每题10分，共20分）

1.简述蓝宝石肉眼识别的主要依据。

2.简述蓝宝石的投资要点。

第六章

祖母绿的鉴定技巧和
投资要点

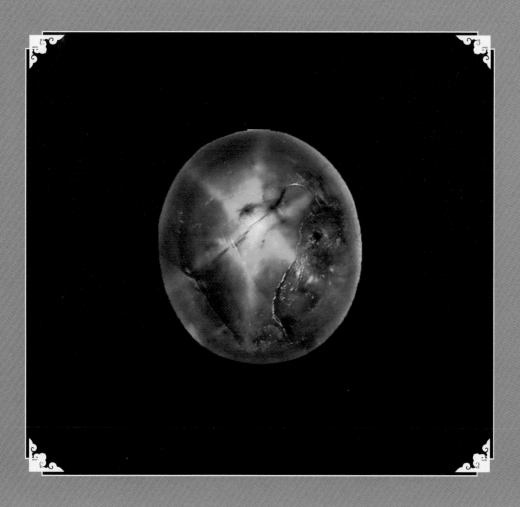

第一节　祖母绿鉴定

一、祖母绿的必备知识

（一）祖母绿的概念

祖母绿是指品质达到宝石级的绿色绿柱石。绿柱石是祖母绿的矿物学名称。也就是说，并不是所有的绿色绿柱石都是祖母绿，只有少数颜色、净度等达到宝石级的绿柱石，才可以称为祖母绿。

祖母绿是五大宝石之一，又被誉为"绿宝石之王"。

祖母绿的主要化学成分：含铍和铝的硅酸盐矿物。祖母绿的绿色是由于其中含有微量的铬（Cr）元素而致色。

（二）绿柱石族宝石的主要品种

依据颜色，绿柱石族宝石主要包括以下4种。

1.祖母绿

祖母绿是宝石级的绿色绿柱石（图6.1）。一般祖母绿的透明度较高，但裂隙较发育。

图6.1　祖母绿

祖母绿是绿柱石族宝石中最珍贵的品种。

2.海蓝宝石

海蓝宝石是指品质达到宝石级的天蓝色至蔚蓝色的绿柱石（图6.2）。一般其颜色较浅，透明度较高。海蓝宝石因颜色酷似海水的颜色而得名。航海家曾用海蓝宝石祈求航海的安全，并称之为"福海石"。

图6.2　海蓝宝石

3.黄色绿柱石

黄色绿柱石是指绿黄色至棕黄色的绿柱石（图6.3）。

图6.3　黄色绿柱石

图6.4　粉色绿柱石

4.粉色绿柱石

粉色绿柱石是指由锰离子和铯离子致色的粉红色绿柱石（图6.4），也称为摩根石。

（三）祖母绿的分类

依据祖母绿的特殊光学效应和内部包裹体的形态，可将其分为如下4种。

1.普通祖母绿

普通祖母绿是指不具任何特殊光学效应的祖母绿。

2.祖母绿猫眼

祖母绿猫眼是指具猫眼效应的祖母绿（图6.5）。自然界中祖母绿十分稀少，有猫眼效应的祖母绿则更少。因此，祖母绿猫眼罕见且珍贵。

图6.5　祖母绿猫眼

图6.6　星光祖母绿

3.星光祖母绿

星光祖母绿是指具星光效应的祖母绿（图6.6）。具星光效应的祖母绿比祖母绿猫眼更少，因此，其价格更加昂贵。

4."达碧兹"祖母绿

"达碧兹"祖母绿是指在祖母绿中，存在由碳质和钠长石包裹体等构成的特殊的六边形和放射状色带，将具有这种结构的祖母绿称为"达碧兹"祖母绿（图6.7）。因为这种结构类似于西班牙人用来压榨甘蔗的磨轮结构，因此用其音译过来的名字——"达碧兹"来描述具有该种结构的祖母绿。

图6.7　"达碧兹"祖母绿

（四）生辰石和结婚周年纪念石

1.生辰石

在国际宝石文化中，祖母绿被誉为5月份的生辰石，象征幸运和幸福。

祖母绿中，具有星光效应的星光祖母绿被誉为"平安之石"，佩戴它能给人带来平安和好运。

2.结婚周年纪念石

在国际宝石文化中，国际宝石界又将祖母绿誉为结婚55周年的纪念石。

祖母绿以其赏心悦目的恬静绿色，给人以宁静、深邃、生机盎然的感受。祖母绿的绿色是生命和春天的象征，也是美丽与永恒的爱、春天大自然美景的代表。祖母绿美丽的绿色传递着和谐与大自然的爱。

（五）著名祖母绿

1.胡克祖母绿

胡克祖母绿产自哥伦比亚（图6.8），重约75.47克拉，曾为奥斯曼帝国苏丹阿卜杜勒·哈米德二世所拥有。现其藏于美国史密森国家自然历史博物馆。

图6.8　胡克祖母绿

图6.9　凯瑟琳娜祖母绿王冠

2.凯瑟琳娜祖母绿王冠

这顶祖母绿王冠曾为瑞典公主凯瑟琳所拥有（图6.9），王冠上镶有11颗梨形哥伦比亚祖母绿，总质量约为500克拉。

二、祖母绿的简单鉴定

1.肉眼识别

祖母绿肉眼识别的主要特征包括：颜色、透明度、光泽和内部包裹体等。其中，颜色和内部包裹体是鉴定的关键。

（1）颜色。祖母绿的颜色主要是较均匀的鲜绿色。有时也有偏蓝、偏黄的色调。

（2）透明度。祖母绿一般微裂隙较发育，杂质较多。因此，常呈透明至半透明。这是肉眼识别祖母绿的重要特征之一。

（3）光泽。祖母绿具有玻璃光泽。这是鉴定和识别祖母绿的重要依据之一。

（4）内部包裹体。借助于放大镜，可以观察到祖母绿内部存在大量的气-液-固三相包裹体、气-液两相包裹体和固体包裹体等。这也是鉴定和识别祖母绿的重要依据之一。

此外，包裹体也是肉眼识别天然祖母绿和合成祖母绿的最主要依据之一。一般而言，天然祖母绿内部杂质较多，裂隙较发育，透明度较差。而合成祖母绿则内部裂隙和杂质很少，因此看起来内部相对比较干净。

（5）特殊光学效应。祖母绿可具有猫眼效应和星光效应，但少见。

2.仪器鉴定

祖母绿的仪器鉴定主要包括：密度、折射率和光性等测试。

（1）密度：祖母绿的密度约为2.72（+0.18，–0.05）克/厘米^3。

（2）折射率：祖母绿的折射率为1.577～1.583（±0.017）。

（3）光性测试：祖母绿为光性非均质体，因此在偏光镜下为四明四暗。

（4）硬度：祖母绿的莫氏硬度为7.5～8。因此，小刀划不动祖母绿。这也是简单测试祖母绿硬度的简易经验方法。但是，这种方法具有破坏性，应谨慎使用，以免对被测宝石产生破坏。

三、祖母绿的优化处理

祖母绿优化处理方法主要有浸油、染色、充填和覆膜等。

1.浸油

浸油处理主要是将裂隙较发育的祖母绿浸入无色油中，使油进入并充填裂隙，从而掩盖裂隙，以提高祖母绿的透明度。大部分祖母绿均进行过浸油处理。浸无色油属于优化方法，已得到国际珠宝界的认可。

鉴别方法如下。

（1）放大检查：放大检查可见裂隙中的油呈无色至淡黄色。

（2）荧光：长波紫外光下可呈黄绿色或绿黄色荧光。

（3）光谱检查：红外光谱测试出现油的吸收峰。

（4）其他测试：用热针接近有油析出。

2.染色

染色处理是将色浅的祖母绿或无色的绿柱石染成深绿色，以提高祖母绿的品质。通常采用的浸油是深绿色油。

鉴别方法：显微镜下观察，染色处理的祖母绿绿色染料集中分布在祖母绿的裂隙中。染色祖母绿在销售时必须注明染色处理。

3.充填

充填处理通常是将树脂充填到裂隙中，从而掩盖裂隙，以提高祖母绿的透明度。

鉴别方法如下。

（1）放大观察：放大观察可见裂隙处有"闪光效应"，原因是充填物树脂与祖母绿的折射率差异而引起。

（2）光谱检查：红外光谱测试可见充填物特征红外吸收谱带。。

4.覆膜

覆膜处理是指在浅绿色祖母绿的表面或底部覆上绿色薄膜，使浅色祖母绿变成深色。

鉴别方法：放大检查，在覆膜祖母绿的表面上，可见部分薄膜脱落。这一点比较容易观察。

四、祖母绿的品质评价

祖母绿的品质评价主要依据颜色、净度、透明度、切工、质量、特殊光学效应等。其中，颜色是评价祖母绿的首要因素。在国际市场上，优质祖母绿的价格有时甚至高于钻石。

1.颜色

祖母绿的颜色以均匀、不带杂色的绿色色调或稍带黄色调或蓝色调，中等至深绿色为好。

2.净度

祖母绿常含有小的裂隙和其他内部包裹体。因此，品质好的祖母绿要求内部的瑕疵尽量小而少，肉眼不可见最好。

3.透明度

祖母绿的透明度要求越透明，其质量越好。

4.切工

祖母绿和其他绿柱石族宝石的首选切工款式为祖母绿型。祖母绿型琢型是祖母绿切工的经典款式。

5.质量

祖母绿的价值随着质量的增加而增加。祖母绿超过10克拉很罕见，其中超过5克拉的优质品已属少见，一般的刻面宝石大部分在1～2克拉左右。

6.特殊光学效应

一般而言，具有猫眼效应的祖母绿其价值远高于没有猫眼效应的普通祖母绿。

五、祖母绿的主要产地

哥伦比亚、巴西、俄罗斯的乌拉尔等国家和地区是祖母绿的主要产地。

1.哥伦比亚

哥伦比亚产出的祖母绿品质最好（图6.10），而且哥伦比亚的祖母绿产量大。其产量约占世界总产量的70%，产出的祖母绿呈翠绿和稍带蓝色的绿色。

图6.10　哥伦比亚祖母绿

在哥伦比亚祖母绿的内部，常见十分典型的气相、液相和固相三相包裹体（图6.11），这是鉴定哥伦比亚祖母绿的关键。此外，其固相常常由食盐（NaCl）和黄铁矿（FeS_2）等组成。

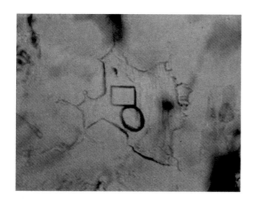

图6.11　哥伦比亚祖母绿中典型的
三相包裹体

图6.13　针状包裹体

图6.14　片状黑云母包裹体

2.巴西

巴西祖母绿产于黑云母石英片岩中。祖母绿的颜色呈微黄绿色，且颜色较深（图6.12）。目前市场上很多祖母绿都是巴西祖母绿。由于巴西祖母绿产于黑云母石英片岩，因此，该地出产的祖母绿内部具有典型的平行排列的针状包裹体（图6.13）和片状黑云母包裹体（图6.14），这是鉴定巴西祖母绿的最主要特征之一。

3.俄罗斯乌拉尔地区

乌拉尔祖母绿产于俄罗斯乌拉尔地区的山脉。产出的祖母绿晶体呈淡黄绿色，有时具有褐色色调。该地出产的祖母绿内部具有典型的"竹节状"阳起石的包裹体（图6.15），这是鉴定乌拉尔祖母绿的最主要特征之一。

图6.12　巴西祖母绿

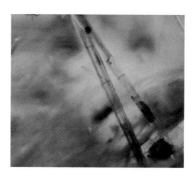

图6.15　"竹节状"阳起石的包裹体

一、祖母绿的投资要点

1.颜色

在投资和收藏祖母绿时，首先要考虑颜色。祖母绿最好的颜色是翠绿色，而且绿色要鲜艳、饱满、纯正，不带其他杂色。

2.产地

以哥伦比亚的祖母绿收藏和投资价值为最高。

3.猫眼效应

具有猫眼效应的祖母绿，其价值远高于没有猫眼效应的普通祖母绿。

4.质量

在满足上述三点后，祖母绿的质量越大，其收藏和投资价值越高，升值的潜力也越大。

目前市场上大部分的祖母绿质量在1～2克拉左右，大于5克拉的已经较少见，大于10克拉则罕见。

5.透明度和净度

透明度和净度越高，越有投资价值。也就是说，祖母绿中的裂隙和杂质要越少越好。

6.鉴定证书

对于品质非常好，价值较高的祖母绿，特别是哥伦比亚的祖母绿，最好要配有权威机构签发的宝石鉴定证书。

总之，祖母绿一直是高档宝石品种之一，也是收藏和投资的重要宝石品种。但要注意的是，市场上有些祖母绿是经过染色、充填和覆膜处理过的，在收藏和投资上一定要谨慎。特别是对于档次高、价值昂贵的祖母绿，在收藏和投资时，应根据个人的需要，必要时要通过权威的专业检测机构进行专门检测，以防投资失误和资金损失。

二、祖母绿的投资趋势分析

祖母绿素有绿宝石之王的美誉，属于五大宝石之一，历来是收藏和投资的最主要品种之一。

祖母绿的收藏和投资价值可以从近几年来拍品的成交价格略见一斑。在2019年举行的香港佳士得"瑰丽珠宝及翡翠首饰"春季拍卖会上，一枚重约12.97克拉的哥伦比亚天然祖母绿戒指（图6.16），最终以828.5万港元成交。

在2008年5月的一次佳士得珠宝拍卖会上，一对精美的由祖母绿、珍珠和钻石组成的耳坠如图6.17所示。其祖母绿产自哥伦比亚，质量分别约为9.12克拉和8.84克拉，颜色翠绿，透明度高，估价约为130万～150万美元。

图 6.16 天然祖母绿戒指

图 6.17 祖母绿、珍珠和钻石组成的耳坠

 习题

一、是非判断题（每题 10 分，共 40 分）

（　　）1. 祖母绿和海蓝宝石均属于绿柱石族宝石。其中，祖母绿最为珍贵。

（　　）2. 祖母绿最常见的浸油处理是指将裂隙较发育的祖母绿浸入无色油中，使油进入并充填裂隙，从而掩盖裂隙，以提高祖母绿的透明度。浸无色油属于优化方法，已得到国际珠宝界的认可。

（　　）3. 巴西祖母绿产于黑云母石英片岩中。产出的祖母绿呈微黄绿色，其内部具有典型的片状黑云母和平行排列的针状包裹体，这是鉴定巴西祖母绿的最主要特征之一。

（　　）4. 透明度是祖母绿品质评价的主要依据之一。祖母绿和星光祖母绿的透明度越高，其品质越好。

二、单项选择题（每题 10 分，共 40 分）

1. 世界上产出优质祖母绿最为著名的国家是 ＿＿＿＿＿＿。

　　A. 斯里兰卡　　　　　　　　　　B. 马达加斯加

　　C. 哥伦比亚　　　　　　　　　　D. 巴西

2. 俄罗斯的乌拉尔地区是世界祖母绿的主要产地之一，产出的祖母绿中含有特征"竹节状"的 ＿＿＿＿＿ 包裹体。

　　A. 黑云母　　　　　　　　　　　B. 透闪石

　　C. 阳起石　　　　　　　　　　　D. 方解石

3.祖母绿中的致色元素是_____。

    A.铬   B.铁

    C.钛   D.钴

4.宝石中的包裹体是判断宝石产地的主要依据之一。如果祖母绿中含有气体、固体和液体三相共存的包裹体，则其产地为_____。

    A.哥伦比亚   B.赞比亚

    C.俄罗斯   D.印度

三、简答题（每题10分，共20分）

1.简述祖母绿和合成祖母绿肉眼识别的主要依据。

2.简述祖母绿的品质评价标准以及投资要点。

66

第七章

金绿宝石的鉴定技巧和
投资要点

第一节　金绿宝石鉴定

一、金绿宝石的必备知识

（一）金绿宝石的组成

金绿宝石的主要化学成分：$BeAl_2O_4$，属于含铍和铝的氧化物。

（二）生辰石

在国际宝石界，金绿宝石族中的猫眼被誉为十月份的生辰石，象征美好的希望和幸福即将代替忧伤。

猫眼产量稀少、珍贵，是著名的五大宝石之一。人们认为佩戴猫眼会给人带来好运，使人健康长寿。具有猫眼效应的金绿宝石——猫眼也是斯里兰卡的国石，又称"锡兰"或"东方"猫眼。

在国际宝石界，金绿宝石族中的变石被誉为六月份的生辰石，象征富裕、健康和长寿。

（三）金绿宝石的形成和产地

1.形成

金绿宝石常产于变质岩、花岗岩、花岗伟晶岩和砂矿中。其形成与火山作用、沉积作用和变质作用有关。

2.产地

金绿宝石主要产地包括：斯里兰卡、巴西和俄罗斯的乌拉尔地区等。优质猫眼则产于斯里兰卡和巴西，而具有强烈变色效应的变石则主要产自俄罗斯的乌拉尔地区。

据报道，在我国新疆富蕴县的花岗伟晶岩中，也发现了宝石级的金绿宝石，晶体呈黄绿色，块体较小，半透明至透明，晶体内部解理发育。

（四）著名金绿宝石品种

英国伦敦的大英博物馆藏品中有一颗质量约为43克拉的亚历山大变石（图7.1）。该变石的变色效应明显，品质极佳。

图7.1　亚历山大变石

二、金绿宝石的简单鉴定

（一）肉眼识别特征

金绿宝石肉眼识别的主要特征是颜色和光泽，这是肉眼识别金绿宝石的关键。

1.颜色

金绿宝石具有非常典型的金黄绿色。仅凭颜色，就很容易将金绿宝石与其他宝石相区别。颜色是肉眼识别金绿宝石的关键。

2.光泽

金绿宝石具有玻璃光泽至亚金刚光泽，这种光泽要比一般常见的玻璃光泽强。这是鉴定和识别金绿宝石的重要依据之一。

（二）仪器鉴定

金绿宝石的仪器鉴定主要包括：密度、折射率和光性等测试。

（1）密度：金绿宝石的密度为（3.73 ± 0.02）克/厘米^3。

（2）折射率：金绿宝石的折射率为$1.746 \sim 1.755$（+0.004，−0.006）。

（3）光性测试：金绿宝石为光性非均质体，因此在偏光镜下为四明四暗。

三、金绿宝石的种类

金绿宝石是一个大家族。在这个大家族中，依据特殊光学效应，将其分为普通金绿宝石、猫眼、变石和变石猫眼四个品种。其中，最著名的品种有猫眼、变石和变石猫眼。

1.普通金绿宝石

普通金绿宝石是指无变色效应和猫眼效应的金绿宝石（图7.2）。金绿宝石的最大特点是其金黄绿色，而且光泽常呈亚金刚光泽。

图7.2　金绿宝石

2.猫眼

猫眼是专指具有猫眼效应的金绿宝石。猫眼是金绿宝石中最为珍贵的品种之一（图7.3）。

图7.3　猫眼

3.变石

变石是指具有变色效应的金绿宝石，其中含有微量的氧化铬。变石的颜色随观察光源波长的改变而改变。变石在白天日光下呈绿色，而夜晚白炽灯下呈红色。因而变石被誉为"白天的祖母绿，夜晚的红宝石"。

4.变石猫眼

变石猫眼是指具有猫眼效应的变石（图7.4）。

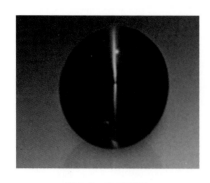

图 7.4　变石猫眼

变石猫眼是金绿宝石中最珍贵的品种，世界上只有斯里兰卡出产变石猫眼，价格相当昂贵，3克拉以上的变石猫眼在市场上很少见到。一般都是小于1克拉的变石猫眼。5克拉以上的变石猫眼就属于珍品。

四、金绿宝石的品质评价

金绿宝石的品质评价主要依据特殊光学效应、颜色、净度、透明度、切工和质量等。其中，特殊光学效应是评价金绿宝石的首要因素。

1.特殊光学效应

一般而言，猫眼的品质高于普通金绿宝石，而变石猫眼则是金绿宝石家族中品质最好的品种。就猫眼和变石猫眼而言，对星线的要求：星线要明亮，星线要长，最好是从宝石的一侧底边延伸至另一侧底边；星线越细越好。

2.颜色

金绿宝石的颜色以金黄绿色为最佳。而其他达到宝石级的金绿宝石，由于含铁量的不同，颜色可出现淡黄、葵花黄和黄绿色等。其中，以葵花黄为最好，如猫眼最好的颜色为葵花黄和蜜蜡黄。

而对于变石的颜色而言，要求变石的变色效应越明显越好。

3.净度

金绿宝石内部裂隙和包裹体较少。品质上乘的金绿宝石内部，裂隙和杂质包裹体很少，因此净度较高。

4.透明度

金绿宝石的透明度要求越透明，其品质越好。对于刻面型金绿宝石，透明度从高到低，依次分为透明、半透明、微透明和不透明。

而对于猫眼和变石猫眼而言，要求猫眼效应越明显越好。因此，对于猫眼和变石猫眼并不是透明度越高越好，而是要求透明度为微透明至不透明，这样猫眼效应更显著。

5.切工

一般而言，金绿宝石的切工要求：宝石总体对称，刻面宝石的低尖在宝石台面的投影点正好与台面的中心点重合。宝石的切工越完美，其品质越高。

6.质量

金绿宝石的价值随着质量的增加而增加。金绿宝石超过10克拉较少见，超过5克拉的猫眼和变石的优质品已属少见。对于最少见的变石猫眼，一般2克拉以上已属于少见品。总之，对金绿宝石要结合上述评价要素进行综合考虑。但在所有评价要素中，特殊光学效应是首要因素。猫眼和变石猫眼的价格远远高于普通金绿宝石。

第二节 金绿宝石的投资要点及趋势分析

一、金绿宝石的投资要点

金绿宝石主要应关注以下几点。

（1）品种。猫眼、变石和变石猫眼是金绿宝石族中最具收藏和投资价值的品种。

（2）特殊光学效应。猫眼效应和变色效应是最主要的要素。

（3）颜色。金绿宝石的金黄绿色是颜色关注的焦点。这种金黄绿色不同于一般的绿色。

二、金绿宝石的投资趋势分析

金绿宝石族宝石属于五大宝石之一，其中的猫眼、变石和变石猫眼历来是收藏和投资的最主要品种。这些宝石在未来的投资市场上依旧占据着很重要的地位，是主要的投资方向之一。

1.品种

在投资和收藏金绿宝石时，首先要考虑品种：猫眼、变石和变石猫眼是金绿宝石族中最具投资和收藏价值的品种。其中，变石猫眼价值最高，最为稀少。

2.质量

宝石颗粒越大，其收藏和投资价值越高，升值的潜力也越大。

由于目前市场上猫眼、变石和变石猫眼较少，因此一般质量均很小，大部分质量在 1 ～ 2 克拉；大于 5 克拉已经

很少见，大于 10 克拉则很罕见。

3.透明度和净度

透明度和净度越高的金绿宝石越有投资价值。也就是说，金绿宝石中的裂隙和杂质要越少越好。

4.鉴定证书

对于品质非常好，价值较高的猫眼、变石和变石猫眼，最好要配有权威机构签发的宝石鉴定证书。

在收藏和投资时，要注意的是，市场上有些猫眼是经过辐照处理过的，在收藏和投资时一定要谨慎。特别是对于档次高、价值昂贵的猫眼、变石和变石猫眼，在收藏和投资时，应根据个人的需要，必要时通过权威的专业检测机构进行专门检测，以防投资失误和资金损失。

猫眼、变石和变石猫眼一直是收藏和投资市场的宠儿。如图 7.5 所示为一枚镶钻的猫眼戒指，其中猫眼质量约为 21.51 克拉，估价约为 21 万元人民币。

图 7.5　猫眼戒指

习题

一、是非判断题（每题10分，共40分）

（　　）1.具有猫眼效应的金绿宝石，命名为金绿宝石猫眼。

（　　）2.变石是指具有变色效应的金绿宝石。

（　　）3.肉眼识别金绿宝石的最大特点是其金黄绿色，而且光泽常呈亚金刚光泽。

（　　）4.金绿宝石又称为亚历山大石，于俄国的乌拉尔山脉中被发现。

二、单项选择题（每题10分，共40分）

1.世界上产出变石最为著名的国家是＿＿＿＿＿＿。

　　A.巴西　　　　　　　　　　　　B.俄罗斯

　　C.斯里兰卡　　　　　　　　　　D.津巴布韦

2.猫眼是＿＿＿＿＿＿的国石。

　　A.斯里兰卡　　　　　　　　　　B.缅甸

　　C.泰国　　　　　　　　　　　　D.巴西

3.金绿宝石在化学成分上属于＿＿＿＿＿＿类。

　　A.氧化物　　　　　　　　　　　B.碳酸盐

　　C.硅酸盐　　　　　　　　　　　D.硫化物

4.变石是含微量＿＿＿＿＿＿元素且具有变色效应的金绿宝石族宝石。

　　A.铬　　　　　B.铁　　　　　C.钛　　　　　D.锰

三、简答题（每题10分，共20分）

1.简述金绿宝石肉眼识别的主要特征。

2.简述金绿宝石的品质评价标准以及投资要点。

第八章

碧玺的鉴定技巧和投资要点

一、碧玺的必备知识

（一）碧玺的概念

碧玺的矿物学名称为电气石。碧玺通常是指品质达到宝石级的电气石。也就是说，并不是所有的电气石都是碧玺，只有少数颜色、净度等达到宝石级的电气石，才可以称为碧玺。

电气石的名称是由于其受热后带电而得名的。电气石同时具有压电效应和热电效应，当周围环境发生变化，温度或压力改变时，电气石晶格内化学键发生扭转，电子发生转移，使得电气石一端带正电，另一端带负电。

（二）碧玺的组成

化学成分：碧玺属于含Fe、Li、Mg和Mn的环状结构的硼铝硅酸盐矿物，其化学成分较复杂。

（三）碧玺的颜色分类

碧玺是所有宝石品种中颜色最为丰富的宝石之一，几乎各种颜色都能在碧玺中出现。更为特别的是，同一碧玺晶体内外或不同部位可呈现出双色或多色，因此有双色碧玺、"西瓜"碧玺、三色碧玺和多色碧玺之称。

碧玺由于颜色非常丰富，因此有"落入人间的彩虹"之美誉。

碧玺依据颜色可分为如下5种。

1.红色碧玺

红色碧玺的颜色呈红色到粉红色（图8.1），因含有微量元素锰而致色。价值最高的为"双桃红"碧玺。

图8.1　粉红色碧玺原石

2.蓝色碧玺

蓝色碧玺由于含铁而呈深蓝色至浅蓝色，有时也呈绿蓝、紫蓝、蓝黑等。蓝色碧玺较为罕见，是碧玺中价值较高的品种。蓝色碧玺主要产于巴西、俄罗斯、马达加斯加和美国等。

在蓝色系列中，巴西产的帕拉伊巴碧玺是品质最好的，其颜色为绿蓝色至蓝色，其中最珍贵的品种是纯正、独特的"霓虹蓝色"碧玺（图8.2），非常少见。这种碧玺的致色元素为铜、锰等，不同于其他蓝色碧玺。

图8.2 "霓虹蓝色"帕拉伊巴碧玺

3.绿色碧玺

绿色碧玺（有时简称为绿碧玺）由于含铬和钒元素而呈浅绿色至深绿色（图8.3）。绿色碧玺是所有碧玺颜色品种中最普遍的品种之一，因此其价值一般低于蓝色及红色碧玺。绿色碧玺多产于巴西、坦桑尼亚和纳米比亚。

图8.3 橄榄绿色碧玺

4.黄色碧玺

黄色碧玺多呈黄色至褐黄色、绿褐

色等颜色（图8.4）。与绿色碧玺一样，黄色碧玺也是所有碧玺中较为常见的品种。黄色碧玺主要产于斯里兰卡。

图8.4 黄色碧玺

5.双色碧玺

顾名思义，双色碧玺的颜色特征是在同一晶体上，往往出现两种或两种以上不同颜色的分带，或者同种颜色的不同色调的分带现象。相应的宝石呈双色、三色和多色，如果碧玺的颜色呈同心带状分布，通常内红外绿时称为"西瓜"碧玺（图8.5）。

图8.5 "西瓜"碧玺

（四）生辰石

国际宝石界将碧玺和猫眼等共同誉为十月份生辰石，象征着平安、幸福和希望。

碧玺有一个美丽的别称——落入人间的彩虹。相传闪耀着七彩光芒的碧玺就是天上彩虹的落脚地，找到碧玺就能够找到永恒的幸福和财富。

（五）碧玺形成与产地

1.形成

大多数碧玺主要赋存于伟晶岩中。

2.主要产地

（1）巴西。巴西是世界上碧玺最著名的产地，产出的碧玺颜色各种各样（图8.6和图8.7）。其中，以帕拉伊巴碧玺最为著名。

帕拉伊巴碧玺最早被发现于巴西的帕拉伊巴州（Paraiba），因而被称为帕拉伊巴碧玺。其中最为罕见、珍贵的是"霓虹蓝色"碧玺。这种蓝色碧玺不同于其他产地的蓝色碧玺。前者是由于含微量元素铜和锰而致色，而后者则是铁和钛而致色，二者有本质区别。

图8.7　巴西红色碧玺

（2）缅甸。缅甸除产出优质红宝石外，也产出优质的红色碧玺（图8.8）和绿碧玺。

图8.8　缅甸红色碧玺

（3）斯里兰卡。斯里兰卡也是世界碧玺的主要产地之一，产出红色碧玺（图8.9）和绿碧玺。

图8.6　巴西绿色碧玺

图8.9　斯里兰卡的红色碧玺（左侧为烟晶）

（4）俄罗斯。俄罗斯乌拉尔也是优质碧玺的产地之一。其中，主要以蓝碧玺（常呈靛蓝色）和粉红色碧玺（图8.10）为主。

图8.10　俄罗斯乌拉尔粉红色碧玺

二、我国碧玺资源优势

我国碧玺的产地主要包括新疆、内蒙古、河南、云南和西藏等地。其中，以新疆阿勒泰地区的富蕴县产出的碧玺品种为最佳，产出的碧玺品种有绿色、黄色、粉红色、"西瓜"碧玺及碧玺猫眼。

三、碧玺的简单鉴定

1.肉眼识别特征

碧玺肉眼识别的主要特征包括：透明度、颜色、刻面棱的重影现象、多色性和内部包裹体等。其中，透明度和内部包裹体是鉴定的关键。

（1）透明度。碧玺的透明度很高，通常为透明。但是，其微裂隙非常发育。这是肉眼识别碧玺的重要特征之一。

（2）颜色。碧玺的颜色丰富多彩，可表现出各种各样的颜色。在识别碧玺时要注意到碧玺颜色多样性的特点。

（3）刻面棱的重影现象。由于碧玺具有较高的双折射率，因此用放大镜观察刻面棱时，会发现刻面棱的重影现象。这是鉴定和识别碧玺的主要依据之一。

值得指出的是，在所有天然宝石品种中，只有碧玺、橄榄石和锆石三种双折射率高的宝石具有刻面棱的重影现象。如果发现待测宝石具有此现象，则说明待测宝石属于三种之一，再结合其他鉴定特征，方可作出正确判断。

（4）多色性。碧玺具有较强的多色性。在大多数情况下，通过肉眼即可观察出一粒碧玺上可表现出二色性至三色性（图8.11）。

图8.11　三色碧玺（三色性）

（5）内部包裹体。借助于放大镜或宝石显微镜，可以观察到碧玺内部存在大量的管状包裹体和气液包裹体等。这也是识别碧玺的重要依据之一。

如果碧玺中这些平行管状包裹体大量存在，则经过适当加工，即可表现出猫眼效应（图8.12）。

图8.12　碧玺猫眼

值得指出的是，许多宝石内部都可能存在管状包裹体和气液包裹体等。在鉴定和识别时，除了内部包裹体的特征外，一定要结合其他鉴定特征，作出综合判断。切勿仅凭一至两个依据作出貌似"正确"的错误判断。

2.仪器鉴定

碧玺的仪器鉴定主要包括：密度、折射率、光性等。

（1）密度。碧玺的密度为3.06（+0.20，-0.60）克/厘米^3。

（2）折射率。碧玺的折射率为1.624～1.644（+0.011，-0.009）。

（3）光性测试。碧玺为光性非均质体，因此在偏光镜下为四明四暗。

四、帕拉伊巴碧玺的简单识别

帕拉伊巴碧玺是碧玺的一个品种，其最大的特点是颜色呈绿蓝色色调（图8.13）。

图8.13　帕拉伊巴碧玺

帕拉伊巴碧玺肉眼识别的最大特点是其绿蓝色的色调，与普通碧玺的颜色有非常明显的差异，肉眼可以很容易识别。其余识别特征则与普通碧玺的识别特征基本一致。

五、碧玺的品质评价

碧玺的品质评价主要依据颜色、净度和透明度、切工、质量和特殊光学效应等。其中，对无猫眼效应的碧玺而言，颜色是评价碧玺的首要因素。

1.颜色

碧玺的颜色以帕拉伊巴的"霓虹蓝色"为最好，其次是红色和绿色。在红色中，又以双桃红为最好。

2.净度和透明度

要求内部瑕疵尽量少，以晶莹无瑕的碧玺价格为最高。含有许多裂隙和气液包裹体的碧玺通常用于玉雕材料。

碧玺内部通常含有较多的微裂隙和少量杂质，因而影响了碧玺的品质。因此，净度和透明度越高，越晶莹无瑕，其品质就越好。

3.切工

切工要求比例准确，对称度高，抛光好；否则，将会影响其价值。

4.质量

碧玺的价值随着质量的增加而提高。碧玺一般颗粒较大，但超过10克拉的优质品少见，一般的刻面宝石大部分为3～5克拉。

5.特殊光学效应

碧玺的猫眼效应很罕见。一般而言，具有猫眼效应的碧玺，其价值远高于没有猫眼效应的普通碧玺。

总之，应对碧玺进行综合评价。一粒碧玺，颜色越清澈鲜艳、内部越洁净、各部分切工比例越均衡完美、粒度越大，其价值越高。

第二节　碧玺的投资要点及趋势分析

一、碧玺的投资要点

碧玺的投资主要关注以下几点。

① 帕拉伊巴的"霓虹蓝色"和红、绿相间的"西瓜"碧玺最具收藏和投资价值。

② 透明度要高，优质碧玺透明度为透明，且内部洁净，无杂质和微裂隙。

③ 对于碧玺的原石而言，碧玺的三方柱状晶形越完整、颜色越鲜艳、晶面纵纹越清晰的碧玺原石，具有越高的观赏和收藏价值。

④ 碧玺的质量越大，其收藏和投资价值越高，升值的潜力也越大。目前市场上的碧玺一般在3克拉至5克拉之间，10克拉以上的碧玺相对较少。

⑤ 对于品质非常好、价值非常高的碧玺，特别是目前市场上价值很高的帕拉伊巴的"霓虹蓝色"碧玺，最好要配有权威机构签发的宝石鉴定证书。

⑥ 碧玺的三方柱状晶体原石，如果晶形完整粗大，具有双色或三色，裂隙少或无，并带有围岩，这样的原石具有很高的收藏和投资价值。

总之，碧玺的收藏与投资，要从自己的实际情况出发，多获取宝石收藏和投资方面的最新信息，多与业内人士交谈，"以石会友"，了解行情，做到心中有数，再结合市场的走势，最后作出自己的判断和投资。特别是对高档碧玺的收藏和投资，一定要谨慎，切忌盲目投资。

二、碧玺的投资趋势分析

碧玺在近几年宝石投资市场上具有较高的活跃度，而且受到收藏者和投资者不断追捧。从目前的趋势来看，碧玺仍然是被人们青睐的主要品种之一。

但是，值得指出的是，目前市场上巴西的帕拉伊巴碧玺价格一直在上涨，甚至直逼缅甸的"鸽血红"红宝石。这样的碧玺价格已经很高了，不一定要追涨。对一般的投资者，可以考虑其他颜色较好的优质碧玺，如"西瓜"碧玺、桃红色碧玺和绿碧玺。

 习 题

一、是非判断题（每题10分，共40分）

（   ）1.碧玺具有强的多色性，一般肉眼即可见到一粒碧玺上有两种或以上的颜色。这是肉眼识别碧玺的重要依据之一。

（   ）2."西瓜"碧玺是指在碧玺晶体的横切面上表现出内绿外红的颜色特征，酷似西瓜的颜色，因而得名。

（   ）3.肉眼识别碧玺的最大特点是其具有高的透明度和刻面棱重影现象。

（   ）4.碧玺的热电效应是指受热后，在碧玺晶体两端产生相同电荷的带电现象。

二、单项选择题（每题10分，共40分）

1.世界上产出碧玺最为著名的国家是_____。
  A.巴西   B.俄罗斯
  C.斯里兰卡   D.津巴布韦

2.巴西产的帕拉伊巴碧玺，呈绿蓝至蓝色，这种碧玺的致色元素为_____。
  A.铬   B.铜+锰   C.铜   D.锰

3.碧玺的矿物学名称为电气石，化学成分属于_____类。
  A.氧化物   B.碳酸盐   C.硼铝硅酸盐   D.硫化物

4.碧玺中的红色-粉红色碧玺的致色元素为_____。
  A.铬   B.铁   C.铜   D.锰

三、简答题（每题10分，共20分）

1.简述碧玺肉眼识别的主要特征。

2.简述碧玺的品质评价标准以及投资要点。

第九章

珍珠的鉴定技巧和投资要点

第一节　珍珠鉴定

一、珍珠的必备知识

1.珍珠的概念

珍珠属于有机宝石，它是由软体类动物如蚌类等在特定环境下的分泌物结晶而形成的。

我国珠宝界一直流行"五皇一后"的说法。所谓"五皇"是指：钻石、红宝石、蓝宝石、祖母绿和金绿宝石；而"一后"就是指珍珠。因此，珍珠以其晶莹圆润，颜色纯净高雅，而素有宝石"皇后"之美誉。

2.珍珠的组成

化学成分：以文石为主，含有少量方解石。珍珠耐腐蚀性差，佩戴时应尽量避免接触酸和碱等化学物质。

3.生辰石和结婚周年纪念石

（1）生辰石。国际宝石界将珍珠、月光石和变石共同誉为六月份生辰石，象征着富裕、健康和长寿。

（2）结婚周年纪念石。在国际宝石文化中，结婚30周年被誉为"珍珠婚"。

4.珍珠的主要产地

世界上产珍珠的地方很多，天然珍珠的产地主要分布在波斯湾、南太平洋、赤道以及红海、墨西哥湾和中国、日本等。一些有代表性的品种和产地主要如下。

东方珠：主要产于波斯湾一带，呈奶油色、白色、奶白色、淡绿色。

南洋珠：产于南太平洋，主要产地分别是澳大利西北部海域、印度尼西亚、菲律宾。其珍珠白色、形圆、粒大。

黑珍珠：主要产于赤道附近的波利尼西亚群岛的塔希提岛，色黑带绿色伴色，又称为大溪地珍珠。

日本珠：产于日本的海水养殖珍珠。

琵琶珠：产于日本琵琶湖地区的淡水养殖珍珠。

5.著名珍珠

（1）亚洲之珠。亚洲之珠是一颗重约605克拉的巨型珍珠，发现于波斯湾，被命名为"亚洲之珠"。

（2）霍普珍珠（Hope pearl）。霍普珍珠是一颗重约450克拉的异形珍珠。其于18世纪末，被银行家亨利·菲利普·霍普所拥有，因此被命名"霍普珍珠"。

二、我国珍珠资源优势

我国是世界珍珠的生产大国，也是世界珍珠资源最为丰富的国家之一。我国广阔的海洋资源为珍珠的生产提供了天然的场所，品种与产地主要如下。

南珠（合浦珠）：产于中国广西合浦一带的海水珍珠，其质量好，形圆，光泽强。

北珠：产于我国北方地区如牡丹江等地的淡水珍珠。

太湖珠：产于我国江、浙一带太湖流域的淡水养殖珍珠。

三、珍珠的种类

（1）按成因可将珍珠分为以下两种。

① 天然珍珠。天然珍珠又可分为天然海水珠和天然淡水珠。

② 养殖珍珠。养殖珍珠又可分为无核养殖珠、有核养殖珠和附壳珍珠。

由于天然珍珠稀少，因此很早就有了人工养殖珍珠。其中，著名的圆形珍珠的人工养殖技术是20世纪初由日本的珍珠之父御木本幸吉首创。目前"御木本"已经成为世界著名的珠宝首饰品牌之一。

（2）按颜色可将珍珠分为以下系列。

① 彩色系列：包括橙红色珍珠、红色珍珠、黄色珍珠（图9.1）、粉色珍珠（图9.2）、浅褐色珍珠以及淡绿色珍珠等。

图9.1 黄色珍珠

图9.2 粉色珍珠

② 浅色系列：包括白色珍珠、奶白色珍珠、银灰色珍珠、灰白色珍珠及浅黄色珍珠等（图9.3）。

图9.3 浅色系列珍珠

③ 黑色系列：包括黑色系列（图9.4）、银灰色系列、古铜色珍珠以及深灰色系列等。

图9.4 黑珍珠

四、珍珠的简单鉴定

1.肉眼识别

形态、光泽、伴色效应和表面特征是肉眼识别珍珠的四个最主要特征。

（1）形态。珍珠通常具有圆形或椭圆形的形态特征。这是给人最直观的印象之一。但不同种类的珍珠，形态存在差异。

天然珍珠形状多不规则，粒径小；质地细腻，珍珠层厚；呈凝重的半透明状。

海水养殖珍珠圆度好，近圆形（图9.5），而且海水养殖珍珠在珍珠钻孔处可见珍珠核，与珍珠层分层明显；同时，海水养殖珍珠表面较光滑，一般无勒腰。

淡水养殖珍珠一般无核，形态不规则，常呈椭圆形、梨形等不规则形状（图9.6）。其表面常有收缩纹。

图9.5　海水养殖珍珠

图9.6　淡水养殖珍珠

（2）光泽。珍珠光泽是珍珠特有的光泽。珍珠光泽是鉴定和识别珍珠最为关键的特征。

（3）伴色效应。伴色效应是指珍珠除其本身的各种体色外，常有粉红色、玫瑰色、蓝色和绿色等伴色，伴色常漂浮于珍珠的表面。这是鉴定和识别珍珠的又一重要特征。

而塑料、玻璃仿珍珠的表面伴色差。

（4）表面特征。珍珠表面常有勒腰，并有微弱的砂感。特别是用牙齿轻轻摩擦，会感觉到珍珠表面有微细的砂粒感，手摸有温感。应当指出的是，用牙齿轻轻摩擦珍珠的这种鉴别方法对珍珠表面会产生损伤，应当谨慎使用，以免造成损失。

而塑料、玻璃仿珍珠的表面有滑感，手摸有温感。

掌握上述四点就基本可以正确判断和识别珍珠。

2.仪器鉴定

珍珠的仪器鉴定主要包括密度和折射率等。

（1）密度。天然海水珍珠：2.61～2.85克/厘米^3。海水养殖珍珠：2.72～2.78克/厘米^3。天然淡水珍珠：2.66～2.78克/厘米^3，通常很少超过2.74克/厘米^3。淡水养殖珍珠的密度通常低于天然淡水珍珠。

（2）折射率。采用点测法测试珍珠的折射率为1.53～1.68，通常为1.53～1.56。

五、珍珠优化处理方法

珍珠的各种优化处理主要是针对它的体色进行的。珍珠常见的优化处理方法如下。

1.漂白

去除珍珠表面及浅层的黑斑及杂色色素，可以改善其颜色和外观。通常情况下，珍珠的漂白采用双氧水进行处理。珍珠的漂白处理是宝石界普遍接受的，在销售时不必说明。

漂白珍珠目前还不易检测出来。

2.染色

珍珠的染色是将浅色的珍珠放在硝酸银中浸泡，然后暴露在阳光下或引入硫化氢气体中使其还原，即可使珍珠呈黑色的体色。染色珍珠的检测与识别：染色珍珠的表面凹坑处及珍珠孔中可见染料的存在；采用蘸丙酮的棉签擦拭，可擦拭出染料；银盐染黑者可通过检测仪检测出有银元素存在。染色黑珍珠的阴极发光光谱和紫外可见吸收光谱，与天然黑珍珠光谱有差异。

3.辐照

辐照处理是利用高能射线对颜色沉闷且不易漂白的珍珠进行辐照，可使其颜色变为黑、绿黑、蓝黑、灰色等，而且改色效果稳定。

辐照珍珠的检测与识别：放大检查可见珍珠质层有辐照晕斑，拉曼光谱多具有强荧光背景。需要指出的是，对于染色和辐照珍珠的检测，凡是涉及银元素和光谱的检测，都是通过大型检测仪器，由专门的检测机构来进行。其检测结果通常都是确定和可靠的。

六、珍珠的品质评价

珍珠的基本品质评价要素主要有：颜色、光泽、形状和大小等。其中，颜色是评价珍珠的首要因素。

1.颜色

珍珠的颜色主要包括体色和伴色两种。体色中最好的是银白色和黑色。优质白色珍珠的颜色是纯白体色，略带粉红色伴色。

2.光泽

珍珠的光泽可分为极强、强、中和弱四级；对珍珠而言，光泽越强越好。

3.形状

珍珠的形状可分为正圆、圆、近圆、椭圆、扁平和异形等。一般而言，珍珠的形状越圆越好。我国古代将圆度很好的珍珠称为"走盘珠"。在珍珠的品质评价中，其形状以正圆为最佳。

4.大小

珍珠的大小可分为质量和尺寸两方面。

在质量上，珍珠有专门的质量单位——珍珠格令。1珍珠格令等于0.05克或0.25克拉。

在尺寸上，珍珠在我国民间有"七分珠、八分宝"的说法，即珍珠在质量上达到八分重，即直径达到约9毫米以上，就可以视为"宝"珠。可见，珍珠颗粒越大越好。

第二节　珍珠的投资要点及趋势分析

一、珍珠的投资要点

珍珠的投资主要关注以下几点。

① 光泽。对珍珠而言，珍珠光泽越强越好。

② 颜色。黑珍珠的价值最高，特别是塔希提黑珍珠。其次是银白色，并具有粉红色的伴色。

③ 形态。品质越好的珍珠，在形态上越要求正圆形或圆形。

④ 质量。一般而言，珍珠的质量越大，其收藏和投资价值越高，升值的潜力也越大。目前市场上大部分珍珠的直径为7～8毫米，大于9毫米的称为特大珠，已经较少见；大于10毫米的珍珠则更少。

⑤ "对珠"。如果是"对珠"，则要求这对珍珠在颜色、光泽、形状、大小等方面越协调、越接近越好，避免差异和悬殊较大。

⑥ 粗糙度。珍珠表面越光洁越好。

二、珍珠的投资趋势分析

珍珠属于有机宝石中较高档的品种之一，也一直是珠宝市场上深受人们关注的品种之一。珍珠在未来的市场上仍然具有很好的发展前景，特别是高档珍珠。

但要注意的是，市场上有些珍珠是经过漂白、染色和辐照处理的，在收藏和投资上一定要谨慎。特别是对于价值昂贵的黑珍珠等品种，在收藏和投资时，应根据个人的需要，必要时通过权威的专业检测机构对疑似的"黑"珍珠等贵重品，进行专门检测，以防投资失误和资金损失。

珍珠市场的发展趋势可以从珍珠市场的行情略见一斑。一条铂金镶的天然黑珍珠项链（图9.7），珍珠直径约为18.8毫米，市场估价约为43.3万元。一枚铂金镶的海水珍珠戒指（图9.8），珍珠直径约为13.5毫米，估价约为2.26万元。

图9.7　铂金镶的天然黑珍珠项链

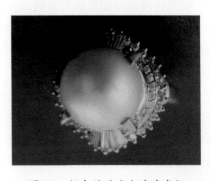

图9.8　铂金镶的海水珍珠戒指

习 题

一、是非判断题（每题10分，共40分）

（　　）1.黑珍珠是珍珠中品质最好的珍珠，是指颜色为黑色的珍珠。

（　　）2.通常所说的珠宝玉石中的"珠"，就是指珍珠。

（　　）3.就珍珠的密度而言，天然淡水珍珠的密度要大于天然海水珍珠的密度。

（　　）4.琵琶珠是指产于日本琵琶湖地区的淡水养殖珍珠。

二、单项选择题（每题10分，共40分）

1.世界上黑珍珠最为著名的产地是＿＿＿＿＿＿。

  A.中国   B.印度尼西亚

  C.塔希提   D.日本

2.我国古代将圆度很好的珍珠称为"走盘珠"。在珍珠的品质评价中，＿＿＿＿＿＿形态的珍珠称为"走盘珠"。

  A.正圆   B.圆

  C.椭圆   D.近圆

3.珍珠在我国民间有"七分珠、八分宝"的说法。即珍珠在质量上达到八分重，即直径达到约＿＿＿＿＿＿，就可以视为"宝"珠。

  A.7毫米   B.8毫米

  C.9毫米   D.10毫米

4.在珍珠的产地分类中，东方珠主要产于＿＿＿＿＿＿。

  A.缅甸   B.中国

  C.日本   D.波斯湾

三、简答题（共20分）

1.简述珍珠肉眼识别的主要特征。（6分）

2.简述珍珠的分类以及每种类型的主要特征。（8分）

3.简述珍珠的品质评价标准以及投资要点。（6分）

第十章

翡翠的鉴定技巧和投资要点

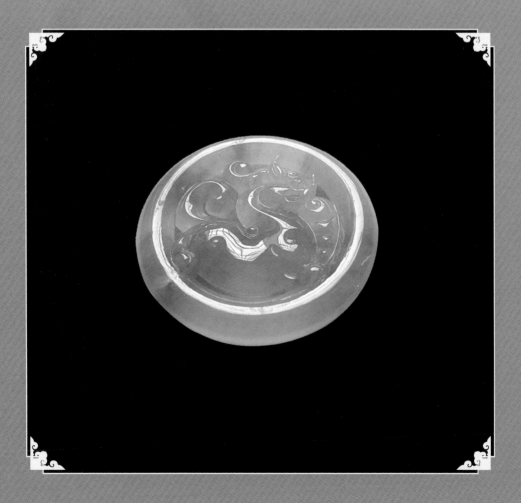

一、翡翠的必备知识

（一）翡翠的概念

　　"翡翠"一词源自中国古代两种鸟的名称，即翡鸟和翠鸟。翡鸟的羽毛为赤色，翠鸟的羽毛为绿色。翡翠因其主要颜色是绿色和褐红色，其颜色近似这两种鸟的羽毛色，因而得名。翡翠是最珍贵的玉石，被称为"玉石之王"。

　　宝石学上所谓的翡翠，是指由硬玉、钠铬辉石和绿辉石等组成的矿物集合体，因其主要产于缅甸，故又称为缅甸玉。

（二）翡翠的组成

　　翡翠中最主要的组成矿物是硬玉，其化学组成为 $NaAl[Si_2O_6]$。

　　另外，翡翠还含有少量钠铬辉石和绿辉石等。

（三）翡翠的颜色种类

　　翡翠是颜色最丰富的玉石品种之一。在自然界，翡翠的颜色主要包括绿色、黄褐色、红色（褐红色）、紫色和墨绿色等。

1.绿色翡翠

　　绿色翡翠根据绿色的色调等，常可分为黄绿、翠绿、蓝绿和油青四种类型。其中，油青是指带较深的灰褐色调的各种绿色，颜色的明亮度较差。市场上所谓的"帝王绿"，即是指颜色饱满、均匀、且色调明亮的鲜绿色翡翠（图10.1）。

图10.1　"帝王绿"翡翠项链

2.黄色翡翠

　　黄色翡翠的颜色主要是由地表风化过程中黄褐色的褐铁矿浸入翡翠的颗粒间形成的（图10.2）。这种颜色属于翡翠的次生颜色。

3.红色翡翠

　　红色翡翠通常是指颜色为黄、橙和红色的翡翠（图10.3）。这种颜色也属于翡翠的次生颜色。

图 10.2　黄色翡翠

图 10.3　红色翡翠

4.紫色翡翠

紫色翡翠（图10.4）也称为紫罗兰翡翠。紫色翡翠的矿物组成较纯，以硬玉为主，有时含少量绿辉石或钠长石。

图 10.4　紫色翡翠

依据不同色调，紫色翡翠一般可分为蓝紫色、粉紫色、茄紫色和桃红紫色等。其中，蓝紫色翡翠的颜色偏蓝。粉紫色翡翠以紫色为主，带有粉红色色调。因此，其也称为藕粉色翡翠。茄紫色翡翠中夹有灰色，颜色较暗，常含有灰黑色点状杂质。桃红紫色翡翠极其稀少，颜色似桃红色。

5.墨翠

墨翠是指墨绿色的翡翠（图10.5）。

图 10.5　墨翠

（四）翡翠的质地种类

翡翠的质地通常也称为翡翠的"种"，是指组成翡翠的矿物颗粒的大小、形态和排列方式等内部结构。

一般常见的翡翠"种"可分为以下几种。

1.豆青种

豆青种是指组成翡翠的矿物颗粒呈短柱状，表现为中粗粒结构，形似豆状，并带有斑点状、不规则状的豆青绿色。豆青种翡翠的特点是呈豆青绿色，常带黄色调，质地较粗，透明度较差（图10.6）。该品种占翡翠中的大多数。"十绿九豆"即是指豆青种的普遍性。

图 10.6　豆青种翡翠

2.蓝青种

蓝青种是指翡翠的绿色中带有黄色和偏蓝色的色调，颜色分布较均匀。蓝青种是翡翠中较常见的品种。

3.花青种

花青种是指翡翠的绿色较深，但颜色分布不均匀，呈不规则的脉状、条带状，形似色调单一的拼花（图10.7）。

图 10.7　花青种翡翠

图 10.8　油青种翡翠

4.油青种

油青种是指翡翠的绿色中常带有灰色、蓝色和黄色的色调，颜色沉闷。但翡翠的"水头"（一般把翡翠或玉石的透明度称为"水头"）较好，质地较细腻（图10.8）。油青种也是翡翠中常见的品种之一。

5.白底青种

白底青种是指在翡翠白色或灰白色的基底上，分布着团块状的翠绿色至绿色的翡翠（图10.9）。该品种通常质地较为细腻。

图 10.9　白底青种翡翠

图 10.10　干青种翡翠

6.干青种

干青种是指翡翠的绿色较明快，呈翠绿色。但其"水头"很差，呈不透明，质地较粗（图10.10）。

7. 芙蓉种

芙蓉种是指翡翠的绿色呈中绿至浅绿色，绿色较纯正。但其通常略带粉红色。芙蓉种翡翠质地较细腻，半透明至微透明（图10.11）。

图10.11　芙蓉种翡翠

图10.12　翠丝种翡翠

8. 翠丝种

翠丝种是指翡翠的绿色呈细丝状，平行或近于平行分布，且丝带的颜色较深（图10.12），如果丝状的颜色呈黄色或橙黄色，则称为金丝种。翠丝种的品质高于金丝种。

9. 飘兰花

飘兰花是指在白色或无色的基底上，分布着条带状的蓝灰色、灰绿色的翡翠（图10.13）。该品种通常质地较为细腻，"水头"较好。

图10.13　飘兰花翡翠

图10.14　马牙种翡翠

10. 马牙种

马牙种是指在绿色中常常带有细长的白丝。玉石的质地较细腻，但"水头"差，呈"马牙"般的干瓷特征（图10.14），故而得名。马牙种是翡翠中的中低档品种之一。

（五）生辰石

国际宝石界将翡翠和祖母绿等共同誉为五月份生辰石，象征着幸福、仁慈、善良、友好和长久。

（六）翡翠的形成与主要产地

1. 形成

翡翠的矿床主要包括原生矿床和砂矿床两大类。缅甸翡翠的原生矿床主要是变质岩中的片岩和蛇纹石化的超基性岩。翡翠的砂矿床又称为次生矿床，是指翡翠的原生矿床经过长期的风化作用等形成的翡翠的砾石或卵石。砂矿属于沉积成因。因此，翡翠既有变质成因，也有沉积砂矿成因。

2. 主要产地

宝石级翡翠的最主要产地是缅甸。翡翠矿主要分布于缅甸北部地区。

二、我国著名的四大国宝翡翠作品

我国著名的四大国宝翡翠玉雕作品是"岱岳奇观""含香聚瑞""群芳揽胜"和"四海腾欢"。这四件玉雕珍品现陈列于中国工艺美术馆。

1. 岱岳奇观

翡翠玉雕作品《岱岳奇观》（图10.15）气势恢宏，以东岳泰山为创作原型，将整个泰山的风貌栩栩如生地展

现在作品之上，特别是将十八盘、玉皇顶、云步桥等泰山的主要景点浓缩在玉料之上。值得一提的是，玉雕大师们巧用玉料上红棕色的翡，利用这一难得的俏色，设计为旭日东升，展现在作品的右上方，起到画龙点睛的作用。《岱岳奇观》重约363.8千克。

2. 含香聚瑞

翡翠玉雕作品《含香聚瑞》（图10.16）以我国古代的花薰为创作原型，采用圆雕、浮雕、镂空雕等高超、精湛的玉雕工艺，创作出了美轮美奂的绝世玉雕珍品。《含香聚瑞》重约274千克。

图10.16　翡翠玉雕作品《含香聚瑞》

3. 群芳揽胜

翡翠玉雕作品《群芳揽胜》（图10.17），经玉雕大师们巧妙设计和精湛雕琢的牡丹、菊花、玉兰等插满其中，花朵和花枝活灵活现，绿色翠绿欲滴，尽显雍容华贵与富贵祥和。

图10.15　翡翠玉雕作品《岱岳奇观》

图 10.17　翡翠玉雕作品《群芳揽胜》

4. 四海腾欢

翡翠插屏《四海腾欢》（图10.18）以我国传统文化中的"龙"为创作主题，玉雕大师们设计雕刻出9条活灵活现的绿色蛟龙，展现出它们在波涛汹涌的大海中尽情腾欢的恢宏场景。《四海腾欢》原料重约77千克。

图 10.18　翡翠插屏《四海腾欢》

三、翡翠"A货""B货"和 "C货"的概念及鉴别

首先应该明确翡翠的"A货""B

货"和"C货"不是翡翠的品质优劣等级，而是对翡翠是否经过优化处理的命名。

1. 翡翠的"A货"

翡翠的"A货"是指原汁原味的翡翠，即除切磨加工和打蜡之外，未经其他任何人工优化处理的翡翠饰品。

2. 翡翠的"B货"

翡翠的"B货"是指经过漂白充填处理的翡翠。

漂白充填处理是指对含有杂色较多的色差翡翠，先用稀酸对其中的杂色进行溶解漂洗，然后对酸洗产生的微裂隙，再用树脂或其他有机物等进行充填，从而使翡翠的杂色减少，绿色分布均匀，"水头"变好。"B货"翡翠的识别特征如下。

（1）光泽。"B货"翡翠的光泽表现为蜡状光泽，失去了原来翡翠表面的玻璃光泽。这是由于酸洗和树脂充填，使得翡翠的结构和组成发生了变化所致。

蜡状光泽是"B货"翡翠的鉴定特征之一。

（2）"橘皮效应"。"橘皮效应"是指翡翠的表面酸洗和树脂充填，使得翡翠的内部结构被破坏，且组成发生了变化，因而在其表面呈现出类似橘皮般凹凸不平的特征，以及酸蚀网纹（图10.19）。观察"橘皮效应"和酸蚀网纹时，应将光线反射到翡翠的表面，在反射光下进行观察。"橘皮效应"和酸蚀网纹为"B货"翡翠的鉴定提供了有力依据。

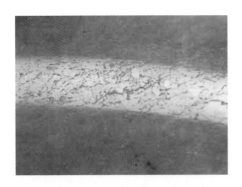

图 10.19 "B货"翡翠的"橘皮效应"
和酸蚀网纹

（3）声音沉闷。"B货"翡翠相互间轻轻碰撞时发出的声音较沉闷，而"A货"翡翠则较清脆。

为了保护消费者的利益，我国国家标准规定凡经非常规方法处理过的珠宝玉石必须在标签标识上给予明确的标识，如：翡翠（漂白充填），翡翠（B处理），翡翠（染色）等。

应当指出的是，通过听声音来识别"B货"翡翠，这是一种经验性的方法，需要反复实践，方能区分出"A货"翡翠与"B货"翡翠。

（4）光谱检测。由于"B货"翡翠在处理过程中，充填了树脂或其他有机物，因而在"B货"翡翠的红外光谱图中，除出现翡翠本身的"指纹"鉴定谱峰外，还会额外出现树脂等有机物特征的3017厘米$^{-1}$和3059厘米$^{-1}$附近的较强吸收峰。

3.翡翠的"C货"

翡翠的"C货"是指经过染色处理的翡翠。

染色处理是指对白色、无色等颜色较差的翡翠，将绿色染料（通常是铬盐）等沿着翡翠的裂隙渗入翡翠内部，以达到改善或改变翡翠颜色的目的。"C货"翡翠的鉴定特征如下。

（1）绿色走向。"C货"翡翠由于采用绿色染料对翡翠进行染色处理，因此绿色常常是沿着翡翠的裂隙呈网状分布，且裂隙两侧绿色的浓度较高。

绿色染料沿翡翠裂隙呈网状分布是"C货"翡翠的鉴定特征之一。

（2）吸收光谱。用分光镜观察，"C货"翡翠常具有650纳米吸收带。这是由于"C货"翡翠通常使用的染料是铬盐，所以其具有铬盐650纳米的吸收带。而天然绿色翡翠则具有437纳米的吸收带。

（3）棉签擦拭。用蘸有丙酮的棉签擦拭染色翡翠，现象是白色的棉签被染成绿色。原因是绿色试剂溶解于丙酮，故使棉签变色。

（4）查尔斯滤色镜检查。对于部分染绿色的翡翠，其中有些致色物在查尔斯滤色镜下可呈红色，而某些致色物在滤色镜下无反应。

所以，采用查尔斯滤色镜在鉴别染色翡翠时，只能起到辅助作用。

四、翡翠的简单鉴定

1.肉眼识别特征

翡翠的肉眼识别特征主要包括如下。

（1）"翠性"。翡翠的"翠性"也称"苍蝇翅"结构，是指组成翡翠的主要矿物硬玉的解理面对光的反射效应，类似苍蝇翅膀的反光现象（图10.20）。"翠性"是肉眼鉴别翡翠的最有效方法之一。

　　值得一提的是，在质地较粗、组成矿物颗粒较大的翡翠中，"翠性"明显。因而，该种类的翡翠，其质地较粗，价值较低。

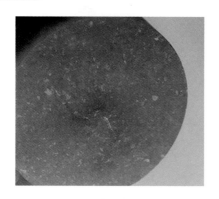

　　（2）光泽。翡翠的光泽较强，一般为玻璃光泽。

　　（3）颜色。大多数翡翠，颜色均为带不同色调的绿色。绿色程度越高，质量越好。但也有紫色、红色、黄色和墨绿色翡翠。

　　在鉴定翡翠的绿色时，天然绿色"A货"翡翠具有"色根"，即天然绿色是由翡翠内部表现出来的，就好似"树的根系"，由翡翠的内部向外延伸。而人工染色的绿色"C货"翡翠，其绿色则仅仅浮于表面，没有色根；同时，该绿色往往是沿着翡翠的微裂隙分布，在裂隙的两侧，绿色富集度高，颜色较深。

2.仪器鉴定特征

　　翡翠的仪器鉴定特征主要包括密度、折射率和内部结构等。

　　（1）密度。翡翠的密度为3.34（+0.11，-0.09）克/厘米^3。

　　（2）折射率。采用翡翠点测法测试折射率通常为1.66。

　　（3）内部结构。翡翠具有典型的"斑状变晶"结构。"斑状变晶"结构是鉴别翡翠的主要依据之一。

　　通常所谓翡翠的"斑状变晶"结构，是指翡翠中存在角闪石族矿物交代辉石族矿物的现象。在显微镜下常可见到角闪石族矿物沿着硬玉矿物的边缘、解理或裂理对硬玉进行不同程度的交代，交代程度很强时，使得硬玉成为粒状"斑晶"。

五、翡翠的品质评价

　　翡翠的品质评价要素主要包括颜色、质地（也称"种"）、透明度（俗称"水头"）、形状、质量和瑕疵等。其品质评价的首要因素是颜色、质地和"水头"。

1.颜色

　　优质翡翠的颜色为翠绿色。翠绿色应具有"浓、阳、正、和"的特点。

　　"浓"指翡翠的绿色饱满、碧绿；"阳"指翡翠的绿色鲜艳明亮、不暗淡；"正"指翡翠呈翠绿色而无杂色，且翠绿色自然柔和；"和"指翡翠的绿色分布均匀而无深浅之分。

2.质地

　　在评价翡翠质地时，除翠绿色的部分外，其他颜色的部分称为"地"。

根据翡翠的致密程度和透明度又将翡翠的"地"大致分为玻璃地、冰地、糯地（糯化地）、豆地和瓷地等（图10.21～图10.25）。

图 10.21　玻璃地翡翠

图 10.22　冰地翡翠

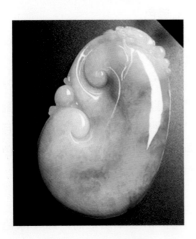

图 10.23　糯地翡翠

图 10.24　豆地翡翠

图 10.25　瓷地翡翠

3.透明度

透明度在翡翠评鉴中俗称"水头"。"水头"好是指翡翠的质地致密细腻、透明度高、光泽晶莹。

翡翠的透明度一般分为透明、半透明、微透明和不透明四种。收藏市场上与其对应的名称依次为玻璃种、冰种、糯种和豆种。在翡翠的品质评价中，"水头"与质地是密不可分的。一般而言，质地越好，则"水头"越好。

翡翠的价值依其玻璃地、冰地、糯地、豆地和瓷地的次序依次降低。它们之间的价格差异在一个数量级甚至更大，如一个色好的老坑玻璃地翡翠戒面可达数十万元人民币，冰地可达上万元人民币，糯地为数千元人民币，而细豆地则为千元人民币左右。总之，翡翠的"地"或"种"越差，价格越低。值得一提的是，在高档翡翠中，最主要的评鉴要素就是翡翠的"水头"。也就是说，高档翡翠的"水头"一定要好。

4.形状

大多数翡翠饰品都是"素面"形，即椭圆弧面形。除此之外，还有其他许多形状。

在评价翡翠饰品的形状时，要观察判断该形状的大小是否合适，长、宽、高的比例是否协调；椭圆素面的对称性是否满足要求，即素面的最高点是否位于弧面的中心，弧面形的底面是否平坦等。

5.瑕疵

翡翠中的瑕疵主要表现为细小的裂纹、杂色斑点等，这些瑕疵均会影响玉石的品质。常见的瑕疵有黑点、白棉、裂绺等。无裂纹和裂隙，无杂质和杂色，纯净，完美程度高的翡翠，其价格就高。因此，翡翠优劣评价中的瑕疵（或净度）是不可忽略的重要影响因素之一。

6.其他因素

雕工或磨工：玉雕的工艺水平与饰品的象征意义都对翡翠的价格有重要影响。

质量：相同品质的翡翠饰品，一般而言，其质量越大，其价格也越高。

光泽：除上述条件外，优质翡翠还要求具有较强的玻璃光泽。

因此，翡翠的优劣评鉴是对上述各种要素的综合分析和评价。当然，翡翠的品质评价比较复杂，只有不断在实践中积累经验、不断摸索和不断学习，对影响翡翠品质的因素作出综合评价和分析，方能得出比较客观、公正的结论。

第二节　翡翠的投资要点及趋势分析

一、翡翠的投资要点

翡翠的投资主要应关注以下几点。

（1）质地和"水头"。对于高档翡翠，首先应该考虑翡翠的质地和"水头"。

（2）颜色。高档的翡翠颜色应该为满绿色，颜色应饱满、均匀、鲜艳。

（3）雕工。品质好的翡翠，要求雕工应精湛、一丝不苟，图案应吉祥、寓意深刻。

（4）质量。一般而言，翡翠质量越大，其收藏和投资价值越高，升值的潜力也越大。

二、翡翠的投资趋势分析

翡翠素有"玉石之王"的美誉，一直是珠宝市场上深受人们追捧的品种。优质翡翠一直是"价值"和"财富"的象征。在收藏和投资翡翠时，要特别注意以下几点。

① 市场上有些翡翠是经过热处理、染色、漂白充填和覆膜处理的。这些经过优化处理的翡翠，其价值大为降低，在收藏和投资上一定要谨慎行事。为此，建议收藏投资者多了解市场，从实践中积累行之有效的辨别经验；同时，"以石会友"，多与翡翠爱好者交流沟通，尽量避免盲目投资，将风险和资金损失降到最低。

② 特别是对于档次高、价值昂贵的翡翠，在收藏和投资时，应根据个人的需要，必要时通过权威的专业检测机构进行专门检测，以防投资失误和资金损失。

翡翠的收藏和投资价值可以从近几年来拍品的成交价格略见一斑。在2019年香港佳士得"瑰丽珠宝及翡翠首饰"春季拍卖会上，一枚镶钻的翡翠戒指（图10.26），最终成交价约为270万元人民币。在2014年香港苏富比春季拍卖会上，一串镶红宝石和钻石的卡地亚翡翠项链（图10.27），最终成交价约为1.69亿元人民币。

图10.26　翡翠戒指

图10.27　翡翠项链

 习题

一、是非判断题（每题10分，共40分）

（　）1.翡翠被誉为"玉石之王"，深受东南亚人的喜爱。在国际珠宝界，翡翠和祖母绿一起，被誉为五月份生辰石。

（　）2."B货"翡翠肉眼识别的主要特征包括蜡状光泽、"橘皮效应"和酸蚀网纹。

（ ）3.翡翠的透明度俗称"水头"。高档的翡翠在品质评价上，"水头"的重要性不如颜色重要。

（ ）4.用分光镜观察，"C货"翡翠通常具有650纳米吸收带。这是由于"C货"翡翠通常使用的染料是铬盐，而天然绿色翡翠则具有437纳米的吸收带。

二、单项选择题（每题5分，共30分）

1.翡翠属于多晶矿物集合体，其中最主要的矿物组成是_____。

　　A.硬玉　　　　　B.绿辉石　　　　　C.透辉石　　　　D.钠铬辉石

2.世界上翡翠最为著名的产地是_____。

　　A.俄罗斯　　　　B.危地马拉　　　　C.缅甸　　　　　D.哈萨克斯坦

3.在肉眼识别特征上，翡翠最主要的特征就是"翠性"。"翠性"是指其主要组成矿物硬玉的_____面对光的反射效应。

　　A.解理　　　　　B.裂隙　　　　　　C.双晶　　　　　D.破裂

4.红外光谱是检测"B货"翡翠的有效方法之一。"B货"翡翠的红外光谱特征峰通常位于_____。

　　A.3017厘米$^{-1}$　　　　　　　　　B.3059厘米$^{-1}$

　　C.3017厘米$^{-1}$和3059厘米$^{-1}$　　　D.2930厘米$^{-1}$

5.吸收光谱是检测"C货"翡翠的有效方法之一。用分光镜观察，"C货"翡翠通常在_____附近出现特征的吸收带。

　　A.430纳米　　　　　　　　　　　B.450纳米

　　C.470纳米　　　　　　　　　　　D.650纳米

6.在翡翠的品种划分上，如果翡翠的绿色中常带有灰色、蓝色和黄色的色调且颜色沉闷，但翡翠的"水头"较好，质地较细腻。这种翡翠应属于_____。

　　A.豆种　　　　　　　　　　　　B.油青种

　　C.花青种　　　　　　　　　　　D.干青种

三、简答题（每题10分，共30分）

1.简述翡翠"A货""B货""C货"的概念及其肉眼识别的主要特征。

2.简述翡翠的种类以及每种类型的主要特征。

3.简述翡翠的品质评价标准以及投资要点。

第十一章

和田玉的鉴定技巧和投资要点

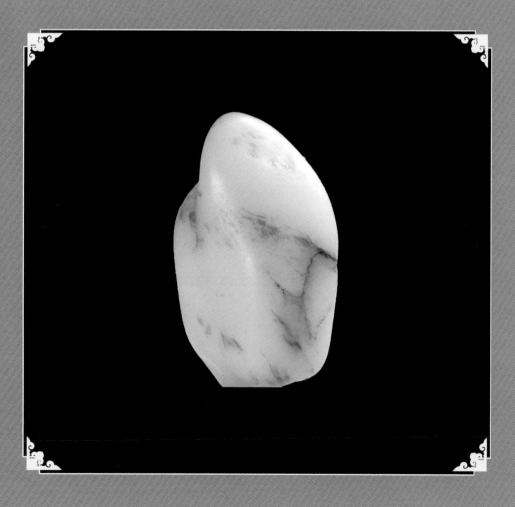

第一节　和田玉鉴定

一、和田玉的必备知识

1.概念

和田玉是软玉的一种。软玉是指品质达到宝石级，主要以透闪石和阳起石为主的矿物集合体。

《珠宝玉石 名称》（GB/T 16552—2017）中规定：将透闪石为主要成分的一类玉石统称为和田玉。和田玉的定名取决于其矿物成分，与产地无关。因此，广义的和田玉并非指只产于新疆和田地区的和田玉，世界各地所产出的以透闪石为主要成分的一类玉石，统称为和田玉，如青海昆仑山的和田玉、俄罗斯和田玉及韩国和田玉等。

2.和田玉的组成

和田玉中最主要的组成矿物是透闪石，其化学组成为：$Ca_2(Mg, Fe)_5Si_8O_{22}(OH)_2$。另外，和田玉中还含有少量阳起石等。

二、我国和田玉资源优势

我国西北边陲的新疆地大物博，珠宝玉石资源丰富，不仅产出各种各样品质上乘的宝石，还产出举世瞩目的和田玉。新疆产出的和田玉历史悠久，在我国玉石历史上具有举足轻重的地位。就世界范围内所产出的软玉品质而言，新疆和田玉的品质最高，因而又被誉为"中国玉"。

从古至今，新疆和田玉一直是玉石收藏和爱好者追捧的对象。特别是2008年北京奥运会的奖牌就是采用产自青海昆仑山的"和田玉"制作而成的，命名为"金镶玉"。

新疆和田玉的悠久历史文化以及在世界玉石市场上不可替代的地位，足以证明新疆和田玉是我国玉石文化自信的最主要体现之一。除此之外，我国的青海和贵州罗甸等地也产出和田玉。

时至今日，新疆和田玉依然是玉石收藏和拍卖市场上的宠儿，具有不可替代的地位。品质上乘的新疆和田玉的拍卖成交价格被屡屡刷新，这足以证明新疆和田玉的文化价值以及在玉石投资和收藏者心目中的崇高地位。

三、我国著名和田玉《大禹治水图》玉山

现藏于北京故宫博物院的清代新疆和田玉《大禹治水图》玉山（图11.1），重约5300千克。

《大禹治水图》玉山的玉料属软玉中的青玉，整个玉雕的图案设计再现了大禹治水时的壮观景象，成为和田玉雕的稀世珍宝。

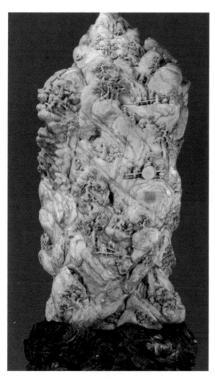

图 11.1　新疆和田玉《大禹治水图》玉山

四、和田玉的种类

一般而言，和田玉的种类包括颜色种类和产状类型。

1. 和田玉的颜色种类

和田玉是颜色最丰富的玉石品种之一。依据颜色的不同，和田玉可分为：白玉、青玉、青白玉、碧玉、黄玉、墨玉和糖玉。其中，以白玉为最优。

（1）白玉。白玉的特点：颜色呈纯白至稍带灰、绿、黄色调。玉石质地较为均匀，润度较高，"油性"较强。其中，质地细腻、"油性"强且玉质似"凝脂"的白玉，又被称为羊脂白玉（图 11.2），是和田玉中的上品。

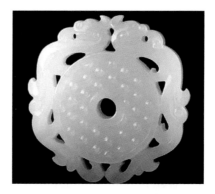

图 11.2　羊脂白玉

（2）青玉。青玉的特点：颜色呈浅灰至深灰的黄绿色、蓝绿色（图 11.3）。

图 11.3　青玉

（3）青白玉。青白玉的特点：颜色介于白玉和青玉之间（图 11.4），是白玉和青玉的过渡品种。

图 11.4　青白玉

（4）碧玉。碧玉的特点：颜色呈翠绿色至绿色（图11.5）。

图11.5　碧玉手镯

（5）黄玉。黄玉的颜色主要呈黄色、蜜黄色、栗黄色等（图11.6）。

图11.6　故宫黄玉双联璧

（6）墨玉。墨玉的颜色呈灰黑至黑（图11.7）。黑色为其内部细小片状的石墨包裹体所致。其中，纯黑如漆的墨玉属于上品。

图11.7　墨玉

（7）糖玉。糖玉的颜色主要为黄褐色至褐色（图11.8）。由于其颜色类似熬煮后化开的红糖的颜色，因而称为糖玉。

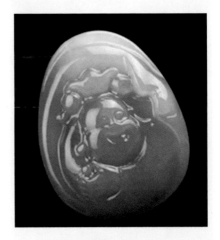

图11.8　糖玉

2.和田玉的产状类型

和田玉依其产出状态可分为山料、山流水和子料。

（1）山料。山料是指产于山上的原生矿，在地质学上称为原生矿床。山料的最大特点是玉料呈棱角状，磨圆度很差。

（2）山流水。山流水（料）是指已产出的山料，在地震、冰川作用和重力作用等地质作用的影响下，山料崩落，被搬运至山脚和河流的中上游，由此而形成的和田玉料称为山流水（料）。山流水料常产于坡积和冰川堆积层中。

山流水的最大特点是玉料呈次棱角状（即玉石棱角稍有磨圆），磨圆度稍好。

（3）子料。子料（也称为"籽料""子玉"）是指原生矿经风化、崩落和剥蚀后，又被流水搬运到河流中下游的砂矿中产出的玉料。

子料的最大特点是形状常呈鹅卵形，玉石表面常具不同颜色的石"皮"，玉质温润。和田玉子料是和田玉中品质最好的品种。

五、和田玉的简单鉴定

1.肉眼识别特征

和田玉的肉眼识别特征主要包括如下。

（1）光泽。和田玉具有典型的油脂光泽（图11.9）。这一光泽使其相较其他玉石能够被容易区分和识别。

图11.9　和田玉油脂光泽

（2）质地。和田玉的质地细腻（图11.10），组成矿物透闪石的颗粒细小，因此大部分新疆和田玉一般均质地较细腻，透明度为半透明。

（3）石"皮"。和田玉的子料往往带"皮"。石"皮"有助于识别和田玉子料。"皮"的颜色通常有红色、黄色、褐色等（图11.11）。

图11.10　和田玉细腻的质地

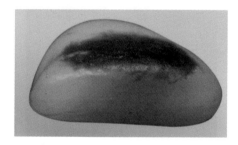

图11.11　带红褐色"皮"的和田玉子料

需要提醒的是，由于新疆和田玉的子料价值远高于山料和山流水料，而后两者玉石通常是不带"皮"的。因此，市场上常有在山料和山流水料上做假"皮"，冒充子料的现象。收藏者一定要仔细辨别，以防受骗。

2.仪器鉴定

和田玉的鉴定特征主要包括密度、折射率和内部结构。

（1）密度。和田玉的密度为2.95（+0.15，−0.05）克/厘米^3。

（2）折射率。和田玉折射率采用点测法测试通常为1.60～1.61。

（3）内部结构。和田玉具有典型的

"纤维变晶结构"，又称为"毛毡状结构"。"纤维变晶结构"是鉴别和田玉的主要依据之一。

通常所谓的和田玉的"纤维变晶结构"的特点是在放大镜或宝石显微镜下观察，和田玉中极微细的纤维状透闪石无定向交织成毛毡状，整体结构均一（图11.12）。透闪石颗粒越细小，结合程度越紧密，玉石的致密度越高；玉质越细腻，油脂光泽越好，玉石的"油性"就越好。

图11.12　和田玉的"纤维变晶结构"

值得一提的是，如果在和田玉的"纤维变晶结构"中，极微细的纤维状透闪石沿片理方向近于平行排列或者聚集成束状或捆状与纤维状透闪石相间分布，呈规则良好的定向排列时，经过适当琢磨和加工，该玉石即可表现出罕见的猫眼效应（图11.13）。

图11.13　软玉猫眼效应

六、和田玉的品质评价

和田玉的基本品质评价要素主要包括颜色、光泽、体积（块度）、皮色和特殊光学效应等。

对新疆和田玉的品质评价，申柯娅等（2003年）提出可以从颜色、光泽、体积（块度）、皮色、特殊光学效应等方面进行。

1.颜色

（1）白玉。白玉是和田玉中颜色最好的。其中以羊脂白玉为最佳，价值也最高。

（2）青玉。青玉的颜色要求越纯净越好，不含杂色。

（3）青白玉。青白玉是白玉和青玉的过渡品种。在青白玉中，以颜色越接近白色者越好。

（4）碧玉。碧玉的颜色应以绿色、鲜绿色为最好，深绿色、墨绿色或暗绿色则较次。

（5）黄玉。黄玉的颜色以纯净的黄色、蜜黄色、栗黄色为上品。由于黄玉较稀少，因此优质黄玉的价值可与羊脂白玉相媲美。

（6）墨玉。墨玉的颜色以纯黑色、墨黑色为最佳。黑色纯正，分布均匀，不含杂色者品质为上乘。

（7）糖玉。糖玉通常呈红褐色。玉料糖色的部分在整个玉石中的比例越大越好。通体呈糖色的玉料较少，一般在和田玉中将糖色作为俏色。在玉雕作品中，巧用俏色，可起到画龙点睛的作用，大大提高玉石的品质。

2.光泽

光泽是评价玉石品质的最重要指标之一。和田玉的光泽主要为油脂光泽。通常所谓的和田玉质地细腻、温润，其实质就是指玉石的油脂光泽强。

和田玉的光泽与其内部结构密切相关。要达到玉质细腻、温润，则要求玉石的颗粒细小，均匀度高。质地细腻如"果冻"的和田玉品质属上品。

3.体积（块度）

在玉石颜色、光泽等相同条件下，和田玉的体积（块度）越大，其价值越高。

4.皮色

皮色是指对和田玉的子料而言的。通常情况下，和田玉的子料均带石"皮"。石"皮"的颜色一般有红色、黄色、褐色等。其中，以红"皮"为最佳。行中所谓的"软玉见红，价值连城"，就是这个道理。

5.特殊光学效应

和田玉的特殊光学效应主要为猫眼效应；能够表现出猫眼效应的和田玉命名为软玉猫眼。软玉猫眼是和田玉中的珍品，具有很高的宝石学价值，其品质远高于无猫眼效应的普通和田玉。

6.其他因素

除上述评价要素外，纯净度、裂隙等对和田玉的品质也有较大的影响。一般而言，玉石越纯净，不含杂质和杂色，裂隙和瑕疵分布少，则这种玉石的品质越高。

总之，和田玉的品质评价是对上述各种要素的综合评判，只有对上述评价要素进行综合分析，方能作出完整、客观的评价。

第二节　和田玉的投资要点及趋势分析

一、和田玉的投资要点

和田玉的投资主要应关注以下几点。

① 质地。品质好的和田玉应要求质地细腻、温润，油脂光泽强。

② 颜色。高档的和田玉颜色应该为羊脂白玉子料，颜色均匀，无杂色。

③ 雕工。品质越好的和田玉，要求雕工应精湛、一丝不苟，图案应吉祥、寓意深刻。

二、和田玉的投资趋势分析

和田玉素有"中国玉"的美誉，自古以来就是皇家珍品。中国乃至亚洲国家，对和田玉情有独钟。高档的和田玉一直是收藏和投资市场的宠儿，也是财富的象征。

对于投资者来说，和田玉和翡翠一样，都是玉石收藏和投资的首选玉种之一。新疆和田玉具有深厚的文化底蕴，特别是作为2008年北京奥运会奖牌用玉，和田玉的收藏与投资又掀起了一股热潮。和田玉的投资趋势方兴未艾。新疆和田玉的投资主要包括以下几点。

① 在投资和收藏和田玉时，首先考虑和田玉子料，其次考虑和田玉的颜色。

② 对于和田玉子料的收藏，最好是带石"皮"的子料。石"皮"的颜色以红"皮"为最佳，其次为黄"皮"，再次为褐黄色"皮"和秋梨色"皮"等。

③ 在和田玉的颜色品种上，当以白色为佳。特别是质地细腻、温润，状如凝脂的羊脂白玉为最佳。

④ 除白玉外，碧玉、糖玉、墨玉等品种也具有较高的投资和收藏价值。

⑤ 在满足上述四点后，玉石的品质越高，其收藏和投资价值越高，升值的潜力也越大。

值得指出的是，在收藏和投资和田玉时，要特别注意如下几点。

① 市场上有些和田玉是经过染色处理的。特别是对于和田玉子料上的石"皮"，进行作假和染色，以冒充天然的石"皮"，从而作为子料来提高玉石的价值。

经过染色的玉石，辨别的最大特点是观察染料颜色的走向和分布。其染料颜色往往沿着玉石的微裂隙分布，裂隙附近颜色较深，且颜色常常浮于玉石的浅表面。

这些经过染色处理的和田玉，其价值较天然子料价值大大降低，在收藏和投资上一定要谨慎行事，尽量做到心中有数，万无一失。

为此建议收藏投资者多了解市场，从实践中积累行之有效的辨别经验；同时，多向珠宝玉石行业人士请教学习，尽量避免盲目投资。

② 对于档次高、价值昂贵的和田玉，在收藏和投资时，应根据个人的需要，必要时通过权威的专业检测机构进行专门检测，以防投资失误和资金损失。

 习题

一、是非判断题（每题10分，共40分）

（　　）1.我国新疆所产的和田玉是品质最好的软玉品种。其玉质细腻温润，被誉为"中国玉"。

（　　）2.和田玉依其产出状态可分为山料、山流水和子料。和田玉子料是和田玉中品质最好的品种。

（　　）3.和田玉肉眼识别的主要特征包括油脂光泽、细腻的质地和颜色。

（　　）4.如果软玉中的主要组成矿物透闪石呈纤维状平行或近于平行排列，经过适当琢磨和加工，该玉石即可表现出罕见的猫眼效应。

二、单项选择题（每题5分，共30分）

1.和田玉的主要矿物组成是_____。

    A.透闪石　　　　　　　　　　　B.绿辉石

    C.透辉石　　　　　　　　　　　D.钠长石

2.和田玉子料是指原生矿经风化、崩落和剥蚀后，又被水流搬运到河流中下游的砂矿中产出的玉料。其最大特点是形状常呈_____。

    A.棱角状　　　　　　　　　　　B.次棱角状

    C.块状　　　　　　　　　　　　D.鹅卵状

3.2008年北京奥运会"金镶玉"奖牌的用玉，其产地是_____。

    A.新疆和田　　　　　　　　　　B.贵州罗甸

    C.青海昆仑山　　　　　　　　　D.江苏溧阳

4.现藏于北京故宫博物院的清代新疆和田玉《大禹治水图》玉山，重约5300千克。其玉质属于_____。

    A.白玉　　　　　　　　　　　　B.青玉

    C.青白玉　　　　　　　　　　　D.碧玉

5.光泽是评价玉石品质的重要指标之一。和田玉的光泽主要为_____。

    A.油脂光泽　　　　　　　　　　B.玻璃光泽

    C.蜡状光泽　　　　　　　　　　D.丝绢光泽

6.在和田玉的品种划分上，如果和田玉的颜色主要为黄褐至褐色，这种品种应属于_____。

    A.糖玉　　　　　　　　　　　　B.黄玉

    C.青玉　　　　　　　　　　　　D.青白玉

三、简答题（共30分）

1.简述和田玉的概念及其主要产地。（7分）

2.简述和田玉依据产出状态的分类及每种类型肉眼识别的主要特征。（8分）

3.简述和田玉依据颜色的分类及每种类型的主要特征。（7分）

4.简述和田玉的品质评价标准以及投资要点。（8分）

第十二章

绿松石的鉴定技巧和投资要点

第一节　绿松石鉴定

一、绿松石的必备知识

1.概念

绿松石又称为"松石"。我国古代也称绿松石为"青琅""碧琉璃""襄阳甸子"等。

我国绿松石的主要产地是湖北。湖北绿松石在世界上久负盛名，古代有"荆州石"之称。

2.组成

绿松石的化学成分：$CuAl_6[PO_4]_4(OH)_8 \cdot 5H_2O$，为磷酸盐矿物。

3.生辰石

在国际宝石文化中，绿松石和青金石并列为十二月份的生辰石，象征成功和必胜。因此，绿松石又被誉为"成功之石"。

4.世界绿松石的主要产地

世界绿松石的主要产地包括伊朗、美国和埃及等。

（1）波斯绿松石。波斯绿松石产于伊朗，颜色呈天蓝色，色泽美丽，质地细腻，光泽强。波斯绿松石属"瓷松"或硬绿松石。在世界上所有绿松石的产地中，波斯绿松石品质较高，属于绿松石中的上品。

波斯绿松石中的部分绿松石属于铁线绿松石，"铁线"呈褐黑色蜘蛛网状分布，称为波斯铁线绿松石。

（2）美国绿松石。美国绿松石产于新墨西哥州、亚利桑那州、科罗拉多州、加利福尼亚州和内华达州等地。

美国绿松石品质差别较大。品质较好的呈蓝绿色和绿蓝色，较差的颜色为苍白-淡蓝色。该地产的绿松石常具有颜色丰富的花纹。有的小巧如蜂巢，呈鲜艳的浅蓝色；有的在深蓝色基底上嵌有赭色的细脉；而有的则具有黑红色斑纹。

（3）埃及绿松石。埃及绿松石多呈蓝绿色和黄绿色，在浅色的底子上有深蓝色的圆形斑点。虽然其质地较细腻，但颜色较差。

二、我国绿松石资源优势

我国绿松石的主要产地包括湖北、安徽和陕西等地。

1.湖北绿松石

湖北绿松石常呈天蓝色、淡蓝色、绿色，在蓝色或绿色的基底上，常伴有少量白色细纹和褐黑色铁线，结构致密，蜡状光泽，多属"瓷松"或硬绿松石。湖北十堰市郧阳区、郧西县和竹山县是我国绿松石的最主要产地。

湖北绿松石质地较为纯净、结构致密、色泽鲜艳，颜色多为天蓝、海蓝以及翠绿、深绿等，玉石品质上乘。

2.安徽绿松石

安徽马鞍山地区产出的绿松石颜色多为浅蓝色和蓝绿色。此外，该地区也产出一种"假象绿松石"。所谓的"假象绿松石"是指绿松石交代岩浆岩中的磷灰石矿物，保留了磷灰石的六边形晶形（图12.1），因而称为"假象绿松石"。

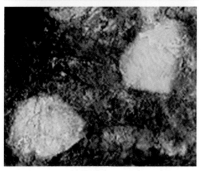

图12.1 "假象绿松石"原石

3.陕西绿松石

陕西所产出的绿松石主要分布于白河、安康及平利三地，产出的绿松石色彩艳丽，有天蓝、蓝绿、苹果绿及灰绿等色，质地细腻、微透明；可制作成各

类装饰品、工艺品及观赏石等。

三、绿松石的种类

绿松石依据其颜色和质地，主要分为瓷松、绿色松石、铁线松石和泡松（面松）4个品种。

1.瓷松

瓷松的颜色为天蓝色，结构致密，质地细腻，具有蜡状光泽，莫氏硬度较大，约为5.5～6。瓷松是绿松石中的上品（图12.2）。

图12.2 瓷松

图12.3 绿色松石

2.绿色松石

绿色松石呈蓝绿到豆绿色，结构致密，质感好，光泽强，硬度较大（图12.3）。

3.铁线松石

铁线松石（图12.4）中的氧化铁呈网脉状或浸染状分布在绿松石中。一般而言，铁线松石属于中档的绿松石品种。但是，如果质地较硬的铁线绿松石中的"铁线"纤细，分布协调，"铁线"相互间能构成美丽自然的花纹和图案效果，并具有一定的美感和寓意，使人浮想联翩，这样的品种也深受人们的喜爱。

图12.4　铁线松石

4.泡松

泡松（面松）是一种月白色、浅蓝白色绿松石；玉石质地疏松，颜色和光泽较差，莫氏硬度较低，约为4，手感较轻。因此，泡松是一种低档绿松石。这类绿松石通常需要经过人工处理来提高玉石的品质。

四、绿松石的简单鉴定

1.肉眼识别特征

绿松石肉眼识别的主要特征包括颜色、光泽和透明度等。其中，颜色和光泽是识别的关键。

（1）颜色。绿松石的颜色主要呈浅蓝、蓝绿和绿色，且颜色分布较为均匀。

但铁线松石在蓝色或绿色的基底上，常有黑色网状或细脉状的纹路分布。这是鉴定铁线松石的关键。

（2）光泽。绿松石通常具有蜡状光泽。有时呈土状光泽。因此，光泽也是肉眼识别绿松石的重要依据之一。

（3）透明度。绿松石一般不透明。

2.仪器鉴定

绿松石的仪器鉴定特征主要包括密度和折射率。

（1）密度。绿松石的密度为2.76（+0.14，-0.36）克/厘米^3。

（2）折射率。绿松石的折射率为1.61～1.65，采用点测法测试常为1.61。

五、绿松石的品质评价

依据国家标准《绿松石　分级》（GB/T 36169—2018），绿松石的品质评价指标主要包括颜色、质地和表面洁净度三个方面。

1.颜色

绿松石颜色的色相级别，从好到差依次分为：蓝色、绿蓝色、蓝绿色、绿色、黄色和橙色。

2.质地

质地是评价绿松石品质的重要指标之一。绿松石的质地是指组成绿松石的矿物颗粒大小、形状、均匀程度及颗粒间相互关系、孔隙度等因素的综合特征。在一定条件下，密度能够综合反映绿松石的质地状况。

根据绿松石质地的差异，将其分为三个级别，由高到低依次为：极致密（T_1）、致密（T_2）、一般（T_3）。其中，T_1的密度$\rho \geqslant 2.70$克/厘米^3，T_2的密度为2.50克/厘米$^3 \leqslant \rho < 2.70$克/厘米^3，T_3

的密度$\rho < 2.50$克/厘米^3。

3.表面洁净度

根据绿松石表面洁净度的差异，将其分为三个级别，由高到低分别为：极洁净（C_1）、洁净（C_2）、一般（C_3）。根据GB/T 36169—2018，表12.1为绿松石的表面洁净度级别划分规则。

表12.1　绿松石的表面洁净度级别划分规则

表面洁净度级别		肉眼观察特征	可参考的瑕疵类型
极洁净	C_1	肉眼未见瑕疵，或具少量点状物，或仅在不显眼处具少量线状物，对整体美观几乎无影响	点状物、线状物
洁净	C_2	局部具网状物、块状物等较明显瑕疵，肉眼可见，对整体美观有一定影响	点状物、线状物、网状物、块状物
一般	C_3	具裂纹、凹坑等明显瑕疵，肉眼明显可见，对整体美观和（或）耐久性有明显影响	点状物、线状物、网状物、块状物、裂纹、凹坑

总之，在进行绿松石的品质评价时应该对上述各种要素进行综合考量，才能够作出全面、客观的评价。

第二节　绿松石的投资要点及趋势分析

一、绿松石的投资要点

绿松石的投资主要应关注以下几点。

（1）颜色。天蓝色绿松石最具收藏和投资价值；颜色要鲜艳、饱满、纯正。

（2）质地。品质好的绿松石要求硬度高，质地细腻，光泽强，如瓷松。

（3）雕工。品质好的绿松石，要求雕工应精湛、一丝不苟，图案应吉祥、寓意深刻。

二、绿松石的投资趋势分析

绿松石是我国传统的玉石品种之一，具有悠久的历史和文化。特别是我国藏族同胞对绿松石情有独钟，视绿松石为神灵之石，寓意吉祥如意。因此，绿松石常被藏族同胞制成佛像或随身佩戴的护身符。正是由于绿松石具有深厚的历史和文化底蕴，所以绿松石一直是收藏和投资的主要品种之一。在投资和收藏绿松石时，还应注意如下几点。

① 对于品质非常好、价值较高的绿松石，在投资和收藏时，最好配有权威机构签发的宝石鉴定证书。

② 在收藏绿松石时，特别要注意市场上有些绿松石是经过充填处理和染色处理的，在收藏和投资上一定要谨慎。必要时可通过权威的专业检测机构进行专门检测。

充填处理的绿松石，通常在绿松石的表面注入无色或有色塑料或加有金属的环氧树脂等材料，以弥合绿松石的裂隙，使质地疏松的绿松石变得致密，或改善绿松石的光泽等。

充填绿松石的识别特点是充填部分的表面光泽与主体玉石有差异，密度小，热针在裂隙处试验可见有机物熔化现象，放大检查可见充填处有细小的气泡存在等。

染色处理绿松石是指将无色或浅色的颜色较差的绿松石材料染色成蓝色、蓝绿色至绿色，以改善绿松石的颜色品级。与大多数处理玉石的特点相似，通过放大检查可见蓝色或绿色染料沿裂隙分布，裂隙两侧颜色浓度较高。

绿松石作为一种传统的玉石品种，在收藏与投资市场上占有重要的一席之地，其收藏和投资前景方兴未艾。在2016年的香港苏富比珠宝翡翠秋季拍卖会上，一枚名为"月亮女神"的胸针（图12.5），其主石为绿松石，最终成交价约为47.5万港元。

图12.5　绿松石"月亮女神"胸针

最后应当指出的是，对于绿松石的爱好者和投资者而言，一定要多深入了解和掌握市场行情，多与行业内人士交流，"以石会友"，在市场中磨炼，在市场中成长，这样就可以尽量避免盲目投资，将风险和资金损失降到最低。

 习题

一、是非判断题（每题10分，共40分）

（　）1.我国绿松石的主要产地是湖北。湖北绿松石在世界上久负盛名，古代有"荆州石"之称。

（　　）2.一般而言，在绿松石的品质评价中，铁线绿松石的品质高于无铁线的绿松石。

（　　）3.在绿松石的品种中，泡松也称面松。这种绿松石的质地较疏松，莫氏硬度较低，通常需要经过人工处理来提高玉石的品质。

（　　）4.就绿松石的颜色而言，蓝色绿松石较绿色绿松石为好。

二、单项选择题（每题10分，共40分）

1.绿松石属于多晶矿物集合体。在化学成分上，绿松石应属于_____。

    A.碳酸盐   B.硫酸盐

    C.硅酸盐   D.磷酸盐

2.光泽是肉眼识别绿松石的主要依据之一。一般而言，绿松石常具_____。

    A.玻璃光泽   B.蜡状光泽

    C.土状光泽   D.丝绢光泽

3.某一绿松石的颜色为天蓝色，结构致密，质地细腻，具有蜡状光泽，则这种绿松石应属于绿松石中的_____。

    A.瓷松   B.绿色松石

    C.铁线绿松石   D.面松

4.在绿松石的品质评价中，其中最好的一级品，也称为_____。

    A.波斯级   B.美洲级

    C.埃及级   D.阿富汗级

三、简答题（共20分）

1.简述绿松石的分类及每种类型的主要特征。（8分）

2.简述绿松石的品质等级划分依据。（6分）

3.简述绿松石的投资要点。（6分）

第十三章

独山玉的鉴定技巧和投资要点

第一节　独山玉鉴定

一、独山玉的必备知识

1.概念

独山玉因产于我国河南省南阳市郊的独山而得名。独山玉又名"南阳玉""独玉"。

独山玉色泽鲜艳，质地细腻，透明度和光泽好，硬度高。独山玉雕艺术品更是以其精美的设计、精湛的工艺、丰富的色彩、优良的玉质，深受玉石收藏者和投资者的青睐（图13.1）。

图13.1　独山玉雕品

2.组成

（1）玉石组成。独山玉属于黝帘石化斜长岩。

（2）矿物组成。独山玉的矿物组成以斜长石、黝帘石等为主，并含有少量的白云母和纤闪石。

二、我国独山玉资源优势

河南南阳所产出的独山玉，是我国特有的著名玉石品种之一。

独山玉在我国具有悠久的历史和文化，在历代玉文化中都占据重要地位。自1993年开始，一年一度的中国南阳国际玉雕节在南阳（镇平）举行。南阳国际玉雕节不仅吸引了大批的宝玉石收藏者和投资者，而且也对我国著名的独山玉雕艺术品走向世界起到了极大的推动作用。2005年南阳独山玉矿山公园成功入选首批国家矿山公园。

三、我国著名独山玉"渎山大玉海"玉瓮

国之瑰宝——元代"渎山大玉海"（又名大玉瓮，图13.2），重约3500千克，所用玉料为河南独山玉。现陈列于北京北海公园团城。

图13.2　元代"渎山大玉海"

四、独山玉的种类

独山玉依据其颜色，主要分为白独玉、绿独玉、青独玉、紫独玉、黄独玉、红独玉、黑独玉和花独玉等品种。

1.白独玉

白独玉是独山玉中最常见的品种之一。其颜色主要有透水白、白、干白等颜色。玉石光泽常为玻璃-油脂光泽，玉质细腻，呈半透明至微透明（图13.3）。

图13.3 白独玉

图13.4 绿独玉

2.绿独玉

绿独玉的颜色主要为绿色或蓝绿色（图13.4）。其绿色分布不均匀，玻璃光泽，半透明。绿独玉，特别是翠绿色独玉较为少见。其绿色由铬云母所致。

3.青独玉

青独玉的颜色主要有青色、灰青色、蓝青色和深蓝色等（图13.5）。玉石光泽常为玻璃光泽，呈半透明至微透明。

图13.5 蓝青色独玉

图13.6 紫色独玉

4.紫独玉

紫独玉的颜色常为淡紫色或酱紫色、棕色等（图13.6）。玉石常呈玻璃光泽。

5.黄独玉

黄独玉的颜色常为黄绿色或橄榄绿色等（图13.7）。玉石光泽常呈玻璃光泽。

图13.7 黄绿色独玉

图13.8 粉红色独玉

6.红独玉

红独玉的颜色常为芙蓉色或粉红色等（图13.8）。玉石光泽常为玻璃光泽。

7.黑独玉

黑独玉的颜色常为黑色或墨绿色

（图13.9）。玉石光泽常为玻璃光泽，不透明。

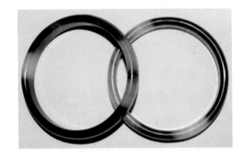

图13.9 黑独玉

图13.10 花独玉原石

8.花独玉

花独玉的颜色常为白、绿、蓝、褐、紫等多种颜色的共存，颜色分布不均匀，浓淡不一。花独玉较为常见，大多数独玉均属于花独玉。花独玉原石见图13.10。

五、独山玉的简单鉴定

1.肉眼识别特征

独山玉的肉眼识别特征主要包括以下几点。

（1）光泽。独山玉光泽较强，一般为强玻璃光泽。

（2）颜色。大多数独山玉均表现为绿色、白色和多种颜色的花色。一般而言，除白色外，绿色和花色在独山玉中大多数呈分布不均匀。

（3）透明度。由于组成独山玉的矿物颗粒一般较粗，因此独山玉的透明度一般为半透明至不透明。

（4）质地和内部结构。借助于10倍放大镜观察独山玉时，常可见到黝帘石沿着斜长石矿物的边缘、解理或裂理对其进行不同程度的交代，从而使斜长石表现为粒状或纤维状的形态，矿物颗粒间边界较清晰，此即独山玉典型的"纤维粒状结构"或"粒状变晶结构"的表现。"纤维粒状结构"或"粒状变晶结构"是识别独山玉的有效方法之一。

值得指出的是，"纤维粒状结构"或"粒状变晶结构"虽然是识别独山玉的有效方法，但"纤维粒状结构"或"粒状变晶结构"越明显，则玉石的质地就越粗，不细腻。因此。其品质较差。

2.仪器鉴定

独山玉的仪器鉴定特征主要包括密度和折射率等。

（1）密度。独山玉由于其成分差异较大，因此其密度的范围也较大，为 $2.70 \sim 3.09$ 克/厘米^3；一般为2.90克/厘米^3。

（2）折射率。独山玉的折射率为 $1.56 \sim 1.70$，折射率的范围较大。

六、独山玉的品质评价

独山玉品质评价要素主要包括颜色、质地和透明度、瑕疵和块度等。其品质评价的首要因素是颜色、质地和透明度。

1.颜色

独山玉的颜色以翠绿色、天蓝色和红色为最好。颜色纯正鲜艳，且分布均匀，无杂色者为上品。但是，独山玉中的花玉，如果各种颜色的搭配合理协调，又能构成形似山水、国画般的美丽图案，构成图案石，则其收藏和鉴赏价值会大大提高。

2.质地和透明度

通常情况下，独山玉的质地越细腻，透明度越高，其价值越高。

3.瑕疵

独山玉中的瑕疵主要表现为细小的绺裂、石花、石筋等，这些瑕疵均会影响玉石的纯净度，进而影响玉石的品质。石花、石筋通常是一些细小的杂质矿物，形似细小的花朵或"筋"状。

独山玉中的瑕疵越少越好。

4.块度

独山玉通常块度（体积）较大。一般而言，独山玉体积越大越好。

总之，独山玉的品质评价是对上述各种要素的综合评判，只有对上述评价要素进行综合分析，方能作出全面、客观的评价。

第二节 独山玉的投资要点及趋势分析

一、独山玉的投资要点

独山玉（或独玉）的投资主要应关注以下几点。

① 颜色。翠绿色独玉、蓝色独玉和红独玉等最具收藏和投资价值。

② 质地。品质好的独山玉应要求质地细腻，玻璃光泽要强。

③ 雕工。品质好的独山玉，要求雕工应精湛、一丝不苟，图案应吉祥、寓意深刻。

二、独山玉的投资趋势分析

独山玉是我国传统的玉石品种之一，具有悠久的历史和文化。虽然在玉石市场上，独山玉受青睐的程度不如翡翠、和田玉等，但独山玉在玉石品质上有其独特的优势，比如其玉石质地细腻；呈翠绿、天蓝和红色的独山玉，在玉石市场上也占有一席之地；同时，相对于价格已经很高的翡翠与和田玉等，独山玉有其价格上的优势。对于一般的投资者而言，可以根据自身的爱好和判断，对独山玉给予投资上应有的关注；在其价位较低时，做一定的长期布局，或许在不久的将来就会有较好的回报。

独山玉的投资主要应注意以下几点。

（1）颜色。在投资和收藏独山玉时，首先考虑独山玉的颜色。独山玉的颜色以绿色、天蓝色和红色为最佳，投资价值也最高。

（2）质地和透明度。质地细腻、透明度呈半透明的独山玉，其收藏和投资价值高。

（3）块度。由于独山玉的产量较大，一般独山玉石的块度或体积较大。因此，在收藏和投资上，应尽量投资块度和质量较大的独山玉为佳。

（4）雕工。由于独山玉一般体积较大，通常雕刻成摆件或大型玉雕作品。因此，对于独山玉玉雕的工艺和设计则显得尤为重要。上乘的独山玉雕件，首先应雕工细腻精湛，造型设计栩栩如生，设计图案等符合传统中国文化中的吉祥、富裕、长寿等寓意元素，既能给人带来美感，又能使人产生联想，从而实现拥有玉石的"获得感"。

（5）图案。图案是对独山玉中的花独玉而言的。花独玉由于其颜色和成分的差异，常构成美丽的花纹和富有寓意的图案。这种花独玉经打磨抛光后，花纹和图案会更加清晰、逼真。此类花独玉常称为独玉图案石。

对独玉图案石，要求图案应在"形"和"神"方面相似于自然界的人物、动物、山水、花鸟等；"形似"和"神似"兼备者，则其收藏和投资价值高。

值得注意的是，在收藏独玉图案石时，首先应强调玉石的图案效果。而对于玉石的质地等则不必苛求。当然，图案清晰、寓意深刻、质地细腻的独山玉，则价值更高。

与所有的投资一样，玉石的投资也要对市场行情有很好的了解，要多接触市场；只有掌握市场的发展行情和发展动态，方可在玉石投资上做到理性投资、快乐投资，最后达到享受投资的境界。

此外，对于档次高、价值昂贵的独山玉，在收藏和投资时，应根据个人的需要，必要时通过权威的专业检测机构进行专门检测，以防投资失误和资金损失。

 习题

一、是非判断题（每题10分，共40分）

（ ）1.独山玉是我国特有的一种玉石品种。因其产于我国河南省南阳市郊的独山而得名，又名"南阳玉""独玉"。

（ ）2.独山玉中的花独玉和翡翠中的花青玉一样，其颜色的特点均表现为同一种颜色的不同色调的深浅变化。

（ ）3.独山玉因其所含矿物成分含量的变化较大，因此独山玉的密度和折射率变化范围也较大，在仪器鉴定时应特别注意。

（ ）4.就独山玉的颜色而言，以翠绿色、天蓝色和红色为最好。

二、单项选择题（每题10分，共40分）

1.独山玉属于多晶矿物集合体，其主要矿物组成是_____。

  A.斜长石、黝帘石

  B.正长石、黝帘石

  C.钙长石、绿帘石

  D.拉长石、绿帘石

2.独山玉中的绿独玉，其绿色主要是由_____所致。

  A.金红石   B.铬云母

  C.绿帘石   D.黝帘石

3.现陈列于北京北海公园团城内的国之瑰宝——元代"渎山大玉海"（又名大玉瓮），重约3500千克，所用玉料为_____。

  A.新疆和田玉   B.辽宁岫玉

  C.青海昆仑玉   D.河南独山玉

4.颜色是独山玉品质评价的主要因素。独山玉中颜色最好的是 _____。

    A.翠绿色   B.黄色

    C.白色   D.紫色

三、简答题（共20分）

1.简述独山玉依据颜色的分类及每种类型的主要特征。（8分）

2.简述独山玉的品质评价标准。（6分）

3.简述独山玉的投资要点。（6分）

第十四章

主要奇石的鉴定技巧和投资要点

第一节 太湖石

一、太湖石的必备知识

1.概念

太湖石主要是指产于环绕太湖地区的苏州洞庭西山、宜兴一带的石灰岩。因其产于太湖地区而得名，又称"洞庭石"；主要产地为太湖地区的禹期山、鼋山和洞庭山。太湖石是中国园林观赏石中最具代表性的石种之一。

太湖石属于石灰岩，即碳酸盐岩，多呈灰色、灰黑色。太湖石是由碳酸盐岩经构造作用的剪切、地表水的冲蚀，以及风化等地质作用，所形成的各式各样、千姿百态的具有观赏价值的石种。

2.组成

太湖石主要化学成分：$CaCO_3$；属于石灰岩（碳酸盐）。

3.著名的太湖石

太湖石作为我国具有悠久历史和文化的赏石品种之一，自古以来就深受皇亲贵族的青睐。最著名的为北宋时期的宋徽宗赵佶，因偏爱太湖石而败国。目前，现存的当年运送太湖石至东京汴梁（现开封市）的"花石纲"的遗物主要有冠云峰、玉玲珑、绉云峰和瑞云峰等。

（1）冠云峰。冠云峰的整体造型呈"鹰头龟"状（图14.1），其"峰顶似雄鹰飞扑，峰底若灵龟仰首"，有江南园林峰石之冠的美誉；曾列入1980年"苏州园林——留园"特种邮票中。现其存放于苏州留园内。

图14.1　冠云峰

（2）玉玲珑。玉玲珑的最大特点是"透"和"漏"，石体上有72个孔穴，"孔孔相连"。现其置于上海豫园内（图14.2）。

（3）绉云峰。绉云峰最大的特点是"皱"。其"形同云立、纹比波摇"（图14.3），体态秀润曲折，为石中之精品。产于广东省英德市。现其存放于杭州西湖风景区。

珠宝玉石·奇石：新手鉴定与投资基础

图 14.2　玉玲珑

图 14.4　瑞云峰

图 14.3　绉云峰

（4）瑞云峰。瑞云峰最大的特点是"透"。石体集"漏""透""绉"于一体，通透、多绉，是石中的精品（图14.4）。现其存放于苏州市第十中学内。

二、太湖石的真假鉴别

太湖石的真假鉴别主要在于判定太湖石是否有人工打磨、钻孔、拼接等作假的痕迹。这是太湖石真假鉴别的关键。天然产出的太湖石，在"瘦、绉、透、漏"等方面或多或少总存在一定的缺陷，不是所有天然产出的太湖石都完全满足"瘦、绉、透、漏"等优点。因此，商家对品质一般的太湖石进行人为打磨、钻孔和拼接等，使得本来表面粗糙、无孔或少孔的太湖石，经过人工处理后，达到"透"和"漏"的鉴赏要求。如果不仔细辨别判断，会产生失误，造成损失。

下面介绍打磨、钻孔和拼接等人为处理过的太湖石真假鉴别特征。

1.打磨的太湖石

有些天然太湖石由于其表面粗糙，品质不好，商家就采用比较简单的打磨抛光机器对其表面进行打磨和抛光，使其具有较为光洁、圆滑的表面特征。

对于打磨过的太湖石，在辨别时，特别要注意其表面的粗糙度。如果太湖石表面光洁，手摸很光滑，那么这块太湖石很可能就是经过打磨处理的；同时，还要仔细观察太湖石的表面，一般打磨过的太湖石表面，或多或少都会留下打磨的痕迹。如果发现有细小的打磨抛光线条，则可以判断这块太湖石是经过打磨的品种。

此外，还可以从石体本身的颜色进行判断。打磨抛光的太湖石石体的表面整体颜色显得比较"新鲜"，没有类似天然太湖石颜色的陈旧感和厚重感。

2.钻孔的太湖石

（1）钻孔。钻孔是太湖石最常见的处理方法之一。有些天然太湖石石头"敦厚"，无孔、无透，品质和价值不高。"漏、透"是评鉴太湖石的首要标准。为了达到"漏、透"的形态，提高石头的价值，商家就采用比较简单的钻孔机器对石体进行打孔，再对石孔进行打磨和抛光，使其表现出"漏、透"的外形特征。

此外，还可以对石体上细小的孔进行人为扩大，并且使得原先不相连的孔，经过人为钻孔后使其"孔孔相通"，以提高其价格。

（2）鉴别。对于钻孔太湖石应从以下几方面进行鉴别。

① 首先要特别注意石孔表面的粗糙度。如果石孔表面光洁，手摸很光滑，那么这块太湖石很可能就是打孔处理的。

② 天然太湖石的孔表面一般均有高低不平之感，不会有类似人工打过的孔表面之感；钻孔的太湖石表面较光洁，无层次、高低不平之感。这一点一定要注意观察和体会。

③ 仔细观察太湖石的表面，一般钻孔再打磨过的太湖石，石孔的表面或多或少都会留下打磨的痕迹。如果发现有细小的打磨抛光线条，则可以判断这块太湖石的石孔是经过打孔、打磨的品种。

特别应该注意观察的是，对于钻孔的太湖石，应重点查看石体上白色细脉的突起感。对于打过孔的太湖石，应查看孔的内外白色细脉的突起感是否一致。一般而言，打过孔的太湖石的内孔表面白色细脉没有明显的突起感，摸起来很光滑。而天然太湖石的孔内和孔外，白色细脉的突起感一致，有明显的突起感。这是辨别真假太湖石的关键依据。

3.拼接的太湖石

太湖石价值较高，体积和外形是评价品质优劣的主要因素。为了追求体积，商家有时会将原本不相关的、体积较小的太湖石，进行拼接处理，使其粘接在一起，人为造就一个整体，从而提高其价格。对于拼接的太湖石，可从以下几方面进行鉴别。

（1）首先要特别注意观察石体表面的裂缝或缝隙处，如果一块太湖石，表面存在较明显的裂缝或缝隙，且裂缝或缝隙贯穿于整块石体，那就要心存怀疑。

（2）仔细观察石体表面的裂缝或缝隙处的颜色有无与整块石体颜色存在较大的色差；如果有，就可能是拼接过的。因为拼接时一定会用树脂或胶进行粘接。由于太湖石的石体较重，一般胶的用量较大，在接合缝处就会露出较明显的胶，胶的颜色与石体差异较大时可以较明显地观察到；同时，粘接后的胶所形成的"走向"一定与石体表面的裂缝或缝隙的"走向"一致。

（3）观察石体表面的裂缝或缝隙处的新旧程度。一般而言，缝隙处看起来比较新，而周围的石体则较老。

（4）观察石体表面的裂缝或缝隙处上下或左右的石体。如果是拼接石，拼接的两块或几块石体总是存在一定的色差，这也提供了判断是否为拼接石的有力依据。因为天然整块的太湖石，其石体颜色色调比较一致，不会像拼接石那样具有较明显的色差。

值得指出的是，随着太湖石价格一路走高，人为处理太湖石的方法越来越多，手法也越来越新。因此，鉴别的方法也要进行不断摸索和改进，方能做到投资上游刃有余。

总之，太湖石是收藏和投资的重要品种。特别是最近几年来，随着太湖石价格的一路上涨，投资前景看好。但要特别注意的是，在收藏和投资时，对于打磨、钻孔和拼接等人为处理的太湖石一定要谨慎。特别是对于价值昂贵的太湖石在收藏和投资时，最好通过权威的专业检测机构进行专门检测后，再进行投资和购买，做到万无一失。

三、太湖石的品质评价

北宋书画家米芾在其《园石谱》中曾提出了评鉴太湖石的"瘦、皱、漏、透"标准。这一传统太湖石的评价标准一直沿用至今。

（1）瘦。瘦是指石体苗条多姿，挺拔俊秀，线条明晰。

（2）皱。皱是指石体表面多凹凸，高低不平，阳光下呈现有节奏的明暗变化。

（3）漏。漏是指石体具大孔小穴，上下、左右、前后孔孔相套，八面玲珑。

（4）透。透是指石体多孔，石纹贯通。

值得指出的是，太湖石评价标准对象形类观赏石（如灵璧石等）也都适用。

四、太湖石的投资要点及趋势分析

1.太湖石的投资要点

太湖石的投资主要应关注以下几点。

（1）体态。在体态上能够满足"瘦、皱、漏、透"标准的太湖石为上品。

（2）形态。在投资和收藏太湖石时，要求石体的外形最好能形似于自然界的动、植物的神态和形态。这样的太湖石收藏和投资价值很高。

（3）体积。一般而言，太湖石体积越大，其收藏和投资价值越高，升值的潜力也越大。

值得一提的是，一般作为案石而摆放于书桌、文案之上的太湖石，其品质要求较高，不仅要石体大小适中，更重要的是，石质要奇巧且造型多变。而用于屏风、装饰厅堂等的太湖石则要求其体积较大，造型浑厚，有质感。用于造园的太湖石一般体积很大，石质一般，追求的是体积和数量，对于质则求其次。

在投资和购买太湖石时，要与石友多交流和沟通，"以石会友"；同时，要通过阅读相关书籍和资料，及时了解和掌握最新的相关信息，做到投资上心中有数，目标清晰。此外，不可盲目跟风，造成投资失误。

还需要指出的是，投资和购买太湖石时，要注意打磨、钻孔和拼接等人为处理过的太湖石价值较低，与天然太湖石不可同日而语。投资者在购买时一定要注意仔细辨别，分清真伪。

2.太湖石的投资趋势分析

太湖石作为我国传统的赏石品种之一，具有深厚的文化和历史底蕴，长期以来深受收藏者和投资者的青睐。就太湖石的发展趋势而言，作为传统的赏石品种之一，其资源的有限性日益凸显，品质上乘的太湖石越来越少。因此，其未来依旧会保持良好的发展趋势。

最后应当指出的是，对于太湖石的爱好者和投资者而言，一定要多深入了解和掌握市场行情，在市场中磨炼和成长，尽量避免盲目投资，将风险和资金损失降到最低。

 习题

一、是非判断题（每题10分，共30分）

（　　）1.太湖石是指产于环绕太湖地区的苏州洞庭西山、宜兴一带的硫酸盐岩，是我国园林观赏石中最具代表性的石种之一。

（　　）2.在太湖石的品质评鉴中，"透"是非常重要的标准之一。为了达到"透"，市场上有许多的太湖石是经过人工钻孔而实现的，因此在收藏和投资上应特别谨慎。

（　　）3.冠云峰石体的整体造型呈"鹰头龟"状，素有江南园林峰石之冠的美誉，曾列入1980年"苏州园林——留园"特种邮票中。

二、单项选择题（每题10分，共40分）

1.太湖石在化学成分上应属于_____。

   A.碳酸盐   B.硫酸盐

   C.硅酸盐   D.磷酸盐

2.历史上为"花石纲"遗物之一，现存放苏州留园内的太湖石名为_____。

   A.冠云峰   B.瑞云峰

   C.玉玲珑   D.绉云峰

3.素有"形同云立、纹比波摇"之特点，体态秀润曲折，产于广东省英德市的太湖石名为_____。

   A.冠云峰   B.瑞云峰

   C.玉玲珑   D.绉云峰

4.北宋时期著名书画家_____在《园石谱》中提出了评鉴太湖石的"瘦、皱、漏、透"标准。

   A.蔡襄   B.米万钟

   C.米芾   D.范宽

三、简答题（每题10分，共30分）

1.简述历史上遗留下来的著名太湖石的品种、特点及现存地点。

2.简述太湖石的主要品质评鉴标准。

3.简述太湖石的投资要点。

第二节　灵璧石

一、灵璧石的必备知识

（一）概念

灵璧石（图14.5）是一种结构致密、颗粒细小的石灰岩，经过风化作用而形成，因其产于安徽省灵璧县而得名。灵璧石与英石、太湖石、昆石一同被誉为"中国四大名石"。

图14.5　灵璧石

安徽省灵璧县产出的灵璧石，又称为"磬石"或"八音石"，以磬云山的灵璧石最为著名；颜色黑亮如漆，石质细腻润滑，敲击时会发出类似金属般8个音符的声音，音韵悦耳动听。清代皇帝乾隆曾御赐灵璧石为"天下第一石"美誉。

灵璧石主要分布于安徽省灵璧县朝阳镇和渔沟镇等地。

图14.7 黑灵璧石（二）

（二）组成

灵璧石主要化学成分：$CaCO_3$；属于石灰岩（碳酸盐）。

（三）灵璧石分类

灵璧石按照颜色，主要分为黑灵璧石、白灵璧石、红灵璧石和五彩灵璧石。其中，以黑灵璧石最为丰富。

1.黑灵璧石

黑灵璧石的颜色以黑色为主，夹杂有灰色或灰黑色，分别见图14.6和图14.7。黑灵璧石是灵璧石中最常见的品种之一。

2.白灵璧石

白灵璧石的颜色以白色为主，夹杂有红色、黄色或褐色等，分别见图14.8和图14.9。白灵璧石在灵璧石中比较少见。

图14.8 白灵璧石（一）

图14.6 黑灵璧石（一）

图14.9 白灵璧石（二）

3.红灵璧石

红灵璧石呈不同色调的红色,夹杂有黄色、白色、灰色或青黑色等,见图14.10。红灵璧石在灵璧石中少见。

图14.10　红灵璧石

4.五彩灵璧石

五彩灵璧石的颜色比较丰富,常见的颜色有红、黄、灰、青黑等,见图14.11。五彩灵璧石在灵璧石中常见。

图14.11　五彩灵璧石

二、灵璧石的真假鉴别

灵璧石的真假鉴别与太湖石相似,主要在于判定灵璧石是否有人工打磨、钻孔、拼接等作假的痕迹。这是灵璧石真假鉴别的关键。

少数商家为了使品质一般的灵璧石"出形",或者呈"漏"或"透"的效果,对原本没有"形"或"漏"或"透"的灵璧石,经过人为的切割、钻孔、打磨,使其呈现出较为理想的视觉效果。此外,还对石体上原本细小的孔,进行人为扩大,并且使得原先不相连的孔,经过人为钻孔后使其"孔孔相通",以提高其价格。这类经过人工处理的灵璧石,如果不仔细辨别判断,就会产生失误,造成损失。

下面介绍打磨钻孔和拼接等人为处理过的灵璧石的真假鉴别特征。

1.钻孔的灵璧石

(1)粗糙度。对于钻孔的灵璧石,在辨别时,首先要特别留意石孔表面的粗糙度。如果石孔表面粗糙度很低,手摸很光滑,那么这块灵璧石很可能就是打孔处理过的。

天然灵璧石的孔,表面一般均有高低不平之感。而人为的"打孔",表面较光洁,无层次、高低不平之感。这一点一定要注意观察和体会。

(2)打磨痕迹。仔细观察灵璧石的表面,一般钻孔再打磨过的灵璧石,石孔的表面或多或少都会留下打磨的痕迹。如果发现有细小的打磨抛光线条,则可以判断这块灵璧石的"孔"是经过打孔、打磨的品种。

(3)其他特征。特别应注意观察的是,对于钻孔的灵璧石,应重点查看石体上的白色细脉的突起感。对于打过孔的灵璧石,应查看孔的内、外白色细脉的突起感是否一致。一般而言,打过孔的灵璧石,其内孔表面的白色细脉没有明显的突起感,摸起来很光滑。而天然灵璧石的孔内和孔外,白色细脉的突起感一致,有明显的突起感。这是辨别真假灵璧石的关键依据。

2.拼接的灵璧石

对于拼接的灵璧石,可从以下几方面进行鉴别。

(1)裂隙。要特别注意石体表面的裂缝或缝隙处,如果一块灵璧石,表面存在较明显的裂缝或缝隙,且裂缝或缝隙贯穿于整块石体,那就要心存怀疑。

(2)色差。仔细观察石体表面的裂缝或缝隙处的颜色与整块石体颜色有无较大色差,如果有,就可能是拼接过的。因为拼接时一定会用树脂或胶进行粘接,由于灵璧石石体较重,一般胶的用量较大,在接合缝处就会露出较明显的胶,胶的颜色与石体差异较大时可以较明显地观察到;同时,黏结胶所形成的"走向"一定与石体表面的裂缝或缝隙的"走向"一致。此外,拼接的两块或几块石体总是存在一定的色差,这也提供了判断拼接石的有力依据。因为天然整块的灵璧石,其石体颜色色调比较一致,不会类似拼接石具有较明显的色差。

(3)新旧程度。观察石体表面的裂缝或缝隙处的新旧程度。一般而言,拼接的灵璧石缝隙处看起来比较新,而周围的石体则较老。

值得指出的是,随着灵璧石价格的一路走高,人为处理的灵璧石的方法也越来越多,手法也越来越新。因此,鉴别方法也要不断改进。

总之,灵璧石是收藏和投资的重要品种。特别是最近几年来,灵璧石的价格一路上涨,投资前景看好。但要特别注意的是,在收藏和投资上,对于打磨、钻孔和拼接等人为处理过的灵璧石一定要谨慎。

三、灵璧石的品质评价

灵璧石的品质评价与太湖石相似,首先强调石体应整体具备"瘦、皱、透、漏"四字的评价标准;同时,还要强调以下几点。

①"出形"。在灵璧石中,"出形"好且形象逼真、生动活泼的灵璧石投资价值较高。

②"石质"。若灵璧石"石质"光洁,有玉质之温润、细腻之感,则属于品质较高的品种。

③"意境"。具有一定"意境"和"内涵"的灵璧石,属上品。

四、灵璧石的投资要点及趋势分析

1.灵璧石的投资要点

灵璧石的投资还应关注以下几点。

(1)精品原则。只有精品灵璧石才具有收藏和投资价值。所以,在选择或购买时,要尽量选择那些不仅能够"出形",而且能够"出好形"的品种。

（2）独特原则。在灵璧石的收藏和投资上，独特原则比较重要。因为灵璧石种类繁多，个体相差甚远。在众多石种中，可结合自身的兴趣、爱好以及实力，选择那些具有独特魅力、稀少罕见的品种，作为投资和收藏的方向。投资时不追求数量，但一定要坚持独特、精品，方为上策。

（3）谨慎小心。值得一提的是，市场上存在一些所谓的"精品"灵璧石，"出形"很好，有"画龙点睛"之意。对于这类灵璧石，在收藏和投资时，仍要谨慎小心。因为目前市场上，有些所谓的"精品石"，其"点睛"之处往往经过人工打磨、加工处理，不是天然品质。对于这类灵璧石，尤其是对于"象形"的"点睛"之处，更要仔细观察有无人工加工痕迹，谨慎小心为上。

2.灵璧石的投资趋势分析

灵璧石作为我国传统的赏石品种之一，具有深厚的文化和历史底蕴。总体而言，灵璧石和大多数传统赏石或奇石一样，在奇石市场上总体表现出稳中有进的态势。就灵璧石未来的发展趋势而言，作为传统的赏石品种之一，因其资源稀缺性日益凸显，品质上乘的灵璧石越来越少，因此其未来依旧会保持较好的发展趋势。

灵璧石作为一种传统的赏石品种，呈现出良好的收藏和投资前景。在2020年10月举办的北京保利十五周年庆典拍卖会上，一尊名为明代"锁云"的灵璧石，成交价约为1345.5万元。

 习题

一、是非判断题（每题10分，共30分）

（　）1.安徽省灵璧县产出的灵璧石，又称为"磬石"或"八音石"，颜色黑亮如漆，石质细腻，敲击会发生金属般类似8个音符的声音，音韵悦耳动听。

（　）2.灵璧石的品质评价与太湖石相似，强调石体应整体具备"瘦、皱、透、漏"的四字评价标准。

（　）3.灵璧石主要分布于安徽省灵璧县朝阳镇和渔沟镇等地。

二、单项选择题（每题10分，共40分）

1.灵璧石在化学成分上应属于　　　　　。
　　A.碳酸盐　　　　B.硫酸盐　　　　C.硅酸盐　　　　D.磷酸盐

2.被清代乾隆皇帝御赐为"天下第一石"的是　　　　　。
　　A.太湖石　　　　B.灵璧石　　　　C.英石　　　　D.昆山石

3.如果某一灵璧石的颜色比较丰富，呈红、黄、灰、青黑等色，则这种灵璧石应属于_____。

    A.红灵璧石   B.黄灵璧石   C.黑灵璧石   D.五彩灵璧石

4.在中国赏石历史上，被誉为"中国四大名石"的是太湖石、_____、英石和昆石。

    A.灵璧石   B.泰山石   C.戈壁石   D.雨花石

三、简答题（每题10分，共30分）

1.简述灵璧石的真假鉴别特征。

2.简述灵璧石的主要品质评鉴标准。

3.简述灵璧石的投资要点。

第三节　戈壁石和葡萄玛瑙

一、戈壁石的必备知识

1.概念

戈壁石又称大漠石、瀚海石、风砺石和风棱石等。戈壁石是我国西北地区特有的奇石品种，因其产于我国内蒙古、新疆、青海等地气候干旱的戈壁大漠之中而得名。戈壁石是地面松散物中的卵石或砾石在风的长期吹蚀和磨蚀作用下，在茫茫大漠之中所形成的棱角分明、绚丽多姿的奇石（图14.12）。

我国目前已发现的戈壁石主要分布于内蒙古西部的阿拉善盟和巴彦淖尔市一带、青海昆仑山东麓和新疆哈密地区。其中，以内蒙古阿拉善盟所产的戈壁石品种最为丰富多彩。

2.组成

戈壁石主要化学成分：SiO_2；属于石英质。

图14.12　戈壁石

3.戈壁石的分类

戈壁石依据其质地、形态等特征，主要分为以下几种类型。

（1）沙漠漆。沙漠漆是指在沙漠地区，卵石或石砾表面有一层金黄色或黑褐色的覆盖层，看似涂抹了一层漆，故名沙漠漆（图14.13）。沙漠漆的形成与毛细管作用有关。

沙漠漆颜色一般常见为黄色和黑色两种。以金黄色沙漠漆品质为最好。

（2）碧玉。碧玉颜色以红色、紫红色最为常见，也有绿、褐、青、灰黑等色。其质地细腻均匀，表面光洁，有时出现漂亮的俏色。绿碧玉见图14.14。

值得指出的是，戈壁石中的碧玉与和田玉中的碧玉有本质区别。前者的化学组成是硅质岩，而后者主要是由透闪石矿物组成的矿物集合体。

碧玉以其颜色绚丽多彩而著称，具有很高的价值，尤其是七彩碧玉（图14.15）；多色分布在同一石体中，艳丽夺目，耐人寻味。

图 14.13　沙漠漆

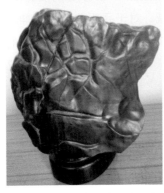

图 14.14　绿碧玉（正反面）

图 14.15　七彩碧玉（正反面）

第十四章　主要奇石的鉴定技巧和投资要点

（3）鸡骨石沙漠漆。鸡骨石沙漠漆是指石体整体形状类似鸡骨，因而得名。鸡骨石的构架较薄，纵横交叉，形态富于变化，色彩丰富（图14.16）。

图14.16　鸡骨石沙漠漆

鸡骨石沙漠漆是一种呈放射状硅质石，以白色居多，也有红色、黑色、黄色以及各种杂色。鸡骨石沙漠漆最具特色的是其瘦骨嶙峋、参差有致的天然造型。

4.戈壁石的品质评价

戈壁石的品质评价主要有以下几点。

（1）形态逼真。戈壁石由于硬度较高，能够"出形"的很少。因此，如果戈壁石能够呈现逼真的形态，则其品质较高。

（2）质地细腻。戈壁石主要以硅质的二氧化硅（SiO_2）为主，质地越细腻，整体给人的感觉就越温润，玉质感就越强烈，品质则越高。

（3）颜色。不同品种的戈壁石，对颜色的要求不同，如沙漠漆中黄色要比黑色珍贵。

（4）大小。戈壁石硬度较高，能够呈现逼真的形态则更少；如果既能"出

形"，块体又大的戈壁石，要比体积小的戈壁石价值更高。

总之，对于戈壁石的评价，应结合上述评价要素进行综合分析与考量，方能作出正确的评价。

5.戈壁石的投资要点及趋势分析

对于戈壁石的投资，在此重点介绍沙漠漆。沙漠漆的投资主要应关注以下几点。

（1）"色"。沙漠漆最具观赏价值的是其"色"。金黄色的沙漠漆最具投资价值。

（2）"皮质"。"皮质"光亮似漆、有玉质之温润感的沙漠漆，具有很高的价值。

（3）"形"。如果沙漠漆能够"出形"，且形态逼真、生动活泼、有灵气，则属上品。

（4）体积大小。在满足上述三点后，一般而言，沙漠漆的体积越大，其收藏和投资价值越高，升值的潜力也越大。

总之，近年来，随着内蒙古阿拉善戈壁石的热销，沙漠漆的投资和收藏热潮不减。对于品质非常好，神形兼备，价值非常高的沙漠漆，在投资时，最好请行家里手来帮助把关，切莫感情用事，操之过急。应多与行家交流，做到心中有数，力求快乐投资。

其他品种戈壁石的投资市场也方兴未艾。例如，一块名为《岁月》的戈壁玛瑙石（图14.17），2001年曾被专家估价为9960万元，足见其难得和珍贵。

图14.17 《岁月》戈壁玛瑙石

二、葡萄玛瑙的必备知识

1.概念

葡萄玛瑙因其集合体呈葡萄状而得名。葡萄玛瑙是戈壁石中珍品,产于内蒙古阿拉善盟左旗苏红图一带。葡萄玛瑙的形成与火山作用有关,其质地包括玛瑙、碧玉、蛋白石、石英岩等。

葡萄玛瑙由于质地坚硬、晶莹剔透、色彩绚丽、造型奇特、产出量稀少,因此非常珍贵。

2.葡萄玛瑙的真假鉴别

由于天然形成的葡萄玛瑙较少,或者葡萄粒的形状不理想,为了提高其价值,就出现了人工打磨处理的"葡萄粒"。这种人工处理的葡萄玛瑙,真假鉴别的主要特征如下。

(1)葡萄的形状。仔细观察,首先整体感觉葡萄的形状不自然,大小比较均匀,而且葡萄粒之间的缝隙较小、较浅,连接不自然。

(2)葡萄的表面特征。由于葡萄玛瑙的硬度较高,不易打磨和抛光。因此,人工打磨处理的葡萄,在其表面常常会观察到同心层状的打磨纹理。这是识别处理品的主要依据之一。

(3)葡萄的表面新鲜程度。经过抛光打磨的葡萄玛瑙,因将自然形成的表层打磨掉了,故整个葡萄玛瑙的表面看起来颜色比较"新鲜",与整个石体的颜色反差较为明显。这也是识别处理品的主要依据之一。

3.葡萄玛瑙的投资要点及趋势分析

葡萄玛瑙的投资主要应关注以下几点。

(1)"出形"。葡萄玛瑙形态逼真,酷似垂涎欲滴的"葡萄串"或"葡萄粒",最具鉴赏和收藏价值。

(2)"质地"。葡萄玛瑙在"出形"的基础上,"葡萄串"或"葡萄粒"晶莹温润、有玉质感,则具有很高的鉴赏价值。

(3)"葡萄串"或"葡萄粒"颜色和大小。葡萄玛瑙中的"葡萄粒"粒粒呈酷似熟透的紫红色葡萄,饱满、粗大、错落有致,极富想象力和观赏价值。

(4)一般而言,葡萄玛瑙的体积越大,其收藏和投资价值越高,升值潜力越大。

(5)对于看似品质非常好、价值高的葡萄玛瑙,在投资时,最好请行家里手来帮助把关,切莫操之过急。

近年来,随着内蒙古阿拉善戈壁石的热销,奇石市场上掀起了投资和收藏葡萄玛瑙石的热潮。目前市场上体积适中的葡萄玛瑙，如果"出形"较好，质地细腻，无破损，其价格往往在万元、十几万元甚至百万元以上。

尽管近些年葡萄玛瑙石的价格一路飙升，投资前景看好。但要特别注意的是，市场上存在将葡萄玛瑙打磨处理的现象，如将普通玛瑙人工雕刻为葡萄状或在奇石上进行人为雕刻，要么使整块玛瑙更具"葡萄"的外形，要么使单个玛瑙颗粒圆润、逼真，从而抬高其价格。因此，在收藏和投资时一定要谨慎，多与同行交流与探讨，要稳妥投资，尽量做到万无一失。

 习题

一、是非判断题（每题10分，共30分）

（　）1.戈壁石又称大漠石、风砺石和风棱石等，因其产于内蒙古、新疆等气候干旱的戈壁大漠之中而得名。戈壁石是我国西北地区特有的奇石品种。

（　）2.戈壁石在品质评价上，石体的体积大小是评价的重要因素之一；体积小的戈壁石价格较低。

（　）3.戈壁石中的碧玉与和田玉中的碧玉，其矿物和化学组成是相同的。

二、单项选择题（每题10分，共40分）

1.戈壁石在化学成分上应属于_____。

　　A.碳酸盐　　　　　B.氧化物　　　　　C.硅酸盐　　　　　D.磷酸盐

2.2001年一块名为《岁月》的奇石，被专家估出9960万元的高价。这块奇石在分类上属于_____。

　　A.太湖石　　　　　B.灵璧石　　　　　C.英石　　　　　D.戈壁石

3.葡萄玛瑙是戈壁石中的珍品，主要产于内蒙古阿拉善盟左旗苏红图一带。其形成主要与_____有关。

　　A.火山作用　　　B.变质作用　　　　C.冰川作用　　　D.沉积作用

4.沙漠漆是戈壁石中比较特殊的品种，其特征是在石体表面看似涂抹了一层漆。沙漠漆的形成与_____有关。

　　A.毛细管作用　　B.风蚀作用　　　　C.火山作用　　　D.沉积作用

三、简答题（每题10分，共30分）

1.简述戈壁石中葡萄玛瑙的真假鉴别特征。

2.简述戈壁石的主要类型及其特征。

3.简述戈壁石的投资要点。

第四节　大化彩玉石

一、大化彩玉石的必备知识

1.概念

大化彩玉石是指产于广西大化瑶族自治县红水河岩滩及水底的纹理石，故又称为岩滩彩玉石等。广西大化县有"中国观赏石之乡"的美誉。

大化彩玉石的形成主要与水流的冲蚀作用有关，因此，大化彩玉石石质坚硬，石"皮"光滑圆润，具彩釉感，颜色包括棕黄、褐黄、青绿、乳白等颜色。其中，最具特色的是黄色、形似老虎皮质的"虎皮纹"（图14.18）。其次是由各种颜色或纹理所构成的"草花石"图案的大化彩玉石（图14.19）。大化彩玉石的形成主要与水流冲蚀作用有关，在形态上一般呈浑圆状。

图14.18　"虎皮纹"的大化彩玉石

图14.19　"草花石"图案的大化彩玉石（一）

2.组成

大化彩玉石主要化学成分：SiO_2；岩性属于硅质岩。

3.分类

根据大化彩玉石的形态以及纹理和图案等，可将其分为以下类型。

（1）象形类。象形类大化彩玉石主要突出大化彩玉石的外在形态，强调大化彩玉石的"形似"。其外形具有视觉的奇特感，造型类似于人物、自然界的动植物等形态。大化彩玉石"金蟾"见图14.20。

图14.20　大化彩玉石"金蟾"

（2）山水景观类。山水景观类大化彩玉石主要是突出大化彩玉石形似自然界的山川、自然景观等（图14.21）。与象形类大化彩玉石的主要区别在于：山水景观类大化彩玉石更强调石体在外形方面形似于山川和自然景观等。

（3）图案类。图案类大化彩玉石主要强调大化彩玉石的纹理和颜色巧妙组合所构成的"意境"，强调大化彩玉石的"神似"。"草花石"图案的大化彩玉石见图14.22。

图 14.21　山水景观类大化彩玉石

图 14.22　"草花石"图案的大化彩玉石（二）

4. 著名的大化彩玉石

2003年，一块名为"烛龙"的大化彩玉石，以约228万元的高价成交。"烛龙"在造型上酷似古代神话传说中的"烛龙"。大化彩玉石"烛龙"造型流畅、形态鲜活、比例恰当、颜色鲜艳、石质细腻（图14.23），实为自然界的极品之作。

图 14.23　大化彩玉石"烛龙"

二、大化彩玉石的真假鉴别

大化彩玉石的真假鉴别主要在于判定大化彩玉石石体上的石层是天然形成的，还是人为加工打磨出来的。由于大化彩玉石上的层数直接影响大化彩玉石的价格，因此商家对层数少或者没有层次感的大化彩玉石进行人为打磨等，使得本来无层或少层的大化彩玉石，经过人工处理后，层数增多。如果不仔细辨别判断，就会产生失误，造成损失。打磨处理过的大化彩玉石的真假鉴别特征如下。

（1）观察新旧程度。天然形成的、有层的大化彩玉石，层与层之间的凹陷处与突出处的新旧程度基本一致，无明显的新旧差别。人工打磨出的层间与整个石体的新旧程度有较明显差别。

（2）观察色差。天然形成的、有层的大化彩玉石，层与层之间的凹陷处与突出处的颜色基本一致，无明显色差。人工打磨出的层间与整个石体的颜色有较明显差别。

（3）观察纹理走向。天然形成的、有层的大化彩玉石，层与层之间的凹陷处与突出处的纹理走向基本一致，表里如一。人工打磨出的层间凹陷处与整个石体的纹理断断续续，或者是打磨过的层间凹陷处无纹理出现。

（4）观察石"皮"或包浆厚度。天然形成的、有层的大化彩玉石，层与层之间的凹陷处与突出处的石"皮"或包浆厚度基本一致，有沧桑之感。人工打磨出的层间凹陷处石"皮"或包浆厚度感觉很薄，甚至无包浆。

总之，从以上几方面进行仔细观察和综合分析，就可以作出基本的判断。

三、大化彩玉石的品质评价

大化彩玉石的品质评价要素主要有以下几点。

（1）颜色。大化彩玉石最好的颜色为黄色，具有黄色和黑色相间组成的类似虎皮的颜色为上品，类似虎皮的纹理还应清晰、自然、流畅。

（2）质地。质地越细腻、玉化程度越高的大化彩玉石，品质越高。

（3）形态。形态是评价大化彩玉石的重要因素之一。品质高的大化彩玉石，在形态上要求石体的整个形态达到"形似"，造型逼真、自然，这样的大化彩玉石品质很高。

总之，对大化彩玉石的品质评价，要进行综合考量、全面分析后，方可作出客观评价。

四、大化彩玉石的投资要点及趋势分析

1.大化彩玉石的投资要点

大化彩玉石的投资主要应关注以下几点。

（1）金黄的虎皮色是最具收藏和投资价值的品种之一。

（2）对于大化彩玉石中的"草花石"等图案石而言，若图案的形态完整、错落有致、自然逼真、清晰明了，则具有很高的收藏价值。

（3）大化彩玉石中的叠层数越多越好，而且石质的表面具有玉质之温润者品质更佳。

（4）大化彩玉石的形态若达到形似和神似的有机结合，方为上品的大化彩玉石品种。

（5）在投资和购买时，要及时了解和掌握最新的相关信息，做到投资上心中有数，目标清晰。不可盲目跟风，造成投资失误。

需要指出的是，投资和购买大化彩玉石时，要格外留意经过打磨等人为处理过的大化彩玉石，这种处理品价值较低。对于价值昂贵的大化彩玉石在收藏和投资时，最好通过权威的专业检测机构进行专门检测后，再进行投资和购买，做到放心投资。

2.大化彩玉石的投资趋势分析

大化彩玉石是我国奇石市场上的新秀品种之一。自从20世纪90年代初被发现以来，其深受奇石界的厚爱。特别是21世纪初，大化彩玉石迅速占据了奇石市场的重要位置，掀起了大化彩玉石的市场高潮。由于近年来为了加强红水河流域的生态保护，大化彩玉石的开采受到了限制，大化彩玉石的产量锐减。因此，大化彩玉石特别是优质精品的资源越来越稀少。

总体而言，大化彩玉石的收藏与投资市场仍然具有良好的基础和发展前景，特别是优质精品大化彩玉石的收藏与投资方兴未艾。

习题

一、是非判断题（每题10分，共30分）

（　　）1.大化彩玉石因主要产于广西大化瑶族自治县而得名，大化县因此获得"中国观赏石之乡"的美誉。

（　　）2.带有虎皮纹的大化彩玉石品质较高，其中的虎皮纹实质上是由不同颜色和纹理组成的类似虎皮的形状。

（　　）3.大化彩玉石与戈壁石一样，也是由于自然界的风蚀作用而形成的。

二、单项选择题（每题10分，共40分）

1.大化彩玉石岩性上应属于＿＿＿＿＿＿。

    A.碳酸盐 　　　　　　　　　　　B.硅质岩

    C.硅酸盐 　　　　　　　　　　　D.磷酸盐

2.2003年，一块名为"烛龙"的奇石，约以228万元的高价成交。这块奇石在分类上属于＿＿＿＿＿＿。

    A.大化彩玉石 　　　　　　　　　B.灵璧石

    C.太湖石 　　　　　　　　　　　D.戈壁石

3.大化彩玉石的形成主要与＿＿＿＿＿＿有关。

    A.风蚀作用 　　　　　　　　　　B.水流冲蚀作用

    C.火山作用 　　　　　　　　　　D.沉积作用

4.总体而言，由于形成原因，大化彩玉石在形态上一般呈＿＿＿＿＿＿。

    A.棱角状 　　　　　　　　　　　B.次棱角状

    C.浑圆状 　　　　　　　　　　　D.鹅卵石状

三、简答题（每题10分，共30分）

1.简述大化彩玉石的真假鉴别特征。

2.简述大化彩玉石的主要类型及其特征。

3.简述大化彩玉石的投资要点。

第五节　彩陶石

一、彩陶石的必备知识

1.概念

彩陶石是指产于广西合山市马安村的红水河十五滩等河段的奇石。彩陶石石体表面类似陶器，似有一层彩色釉面，故名彩陶石。其又称合山彩陶石、马安彩陶石等。

彩陶石常呈翠绿、黄绿、黄和褐灰等颜色（图14.24）。彩陶石经水流的长期冲刷、打磨，以鬼斧神工之势造就了彩陶石形、色、质、纹的优质品位；因其雅致沉静的色调，赢得了中外赏石界的赞誉。

图14.24　灰绿色彩陶石

2.组成

彩陶石主要化学成分：SiO_2；岩性以硅质粉砂岩和火山凝灰岩为主，质地坚硬。

3.彩陶石的分类

根据彩陶石的颜色，可将彩陶石分为以下类型。

（1）彩釉石。彩釉石是指石质和光泽类似"唐三彩"，其石体表面有一层彩色釉面，凝重、沉稳（图14.25）。颜色常以黄绿色调为主，色彩搭配得当、协调。彩釉石是彩陶石中的上品。

图14.25　彩釉石

（2）绿色彩陶石。绿色彩陶石是指石体的颜色常以绿色、鲜绿色和草绿色为主，颜色宁静、温润（图14.26）。绿色彩陶石是彩陶石中较为常见的品种。

绿色彩陶石与绿色彩釉石的最大区别是：前者没有釉彩，而后者具有釉彩。这是二者的最大区别。

图14.26　绿色彩陶石

（3）鸳鸯彩陶石。鸳鸯彩陶石是指石体的颜色常以绿色和黑色相间分布，二者的界限分明（图14.27）。绿色部分颜色鲜艳，黑色部分颜色纯黑、光亮，二者形成鲜明的色差对比，有很强的视觉冲击。与彩釉石一样，鸳鸯彩陶石也是彩陶石中的上品之一。

图14.27　鸳鸯彩陶石

二、彩陶石的真假鉴别

彩陶石的真假鉴别主要有以下方面。

（1）观察釉面。天然形成的彩陶石，釉面清晰、表面光洁，有似"唐三彩"的特征。而人工处理的彩陶石则石体表面没有釉彩。釉彩是判断彩陶石真假的最主要依据。

（2）观察颜色。天然形成的绿色彩陶石，其石体表面的凹处和凸处的颜色，有不同程度的色调过渡，因此颜色深浅不一。这是由于石体表面凹凸不平，迎面水流处由于冲刷作用明显，因此颜色较浅；而背面颜色较深。但人工处理的绿色彩陶石，石体的颜色总体较为均匀，无明显的色差。

（3）观察形状。绝大多数天然形成的彩陶石，主要呈方形，石体的棱、角较为分明，棱、角的颜色与石体的颜色一致。而人为加工的彩陶石，虽然有棱、角分明之感，但仔细观察后，会发现在其棱、角处，釉面与石体本身的颜色有较明显的差异；而且，棱、角处的新旧程度也不同，较新的一面可能就是人为的破开面。

总之，从石体的釉面、颜色和形状等方面进行仔细观察和综合分析，就可以作出基本的判断。

三、彩陶石的品质评价

彩陶石的品质评价要素主要有以下几点。

（1）颜色。彩陶石最好的颜色为鲜艳的绿色。纯绿色的彩陶石，若绿色均匀、鲜艳，无杂色，则为上品。

绿色和黑色相间组成的鸳鸯彩陶石，如果发现其绿色与黑色之间界限鲜明，且二者的颜色均较均匀，色调搭配协调，则为上品。

（2）质地。彩釉石的釉面质地越清晰、光洁，品质越好；彩陶石的土状光泽明显，看起来酷似陶器般的质地和光泽，则品质更高。

（3）形态。形态是评价彩陶石的重要因素之一。品质高的彩陶石，在形态上要求石体的整个形态要达到"形似"，造型逼真、自然，棱、角分明，这样的彩陶石品质很高。

总之，对彩陶石的品质评价，与大化彩玉石一样，要求经过综合考量和全面分析后，方可作出客观的评价。

四、彩陶石的投资要点及趋势分析

1.彩陶石的投资要点

彩陶石的投资主要应关注以下几点。

（1）具"釉面"且似"唐三彩"的彩陶石，是最具收藏和投资价值的品种之一。

（2）绿色鲜艳明亮、分布均匀的绿色彩陶石，具有很高的投资和收藏价值。

（3）鸳鸯彩陶石，即由黑色和绿色组成的彩陶石，以石质温润、表面光洁者的投资价值高。

（4）彩陶石的形态一般为棱、角分明，呈方形、块状者居多。这一形态特征在投资时应特别注意。

值得一提的是，由于彩陶石质地坚硬，造型奇特者较少，"出形"较难，一般以方形居多，能够呈现山水、人物等逼真的造型，则属罕见品种。

（5）在投资和购买时，要与石友多交流和沟通，及时了解和掌握最新的相关信息，做到投资时心中有数，目标清晰。不可盲目跟风，造成投资失误。

需要指出的是，在投资和购买彩陶石时，要格外留意经过打磨等人为处理的彩陶石，这类处理品价值较低。对于价值昂贵的彩陶石在收藏和投资时，最好通过权威的专业检测机构进行专门检测后，再进行投资和购买，做到放心投资。

2.彩陶石的投资趋势分析

与大化彩玉石一样，彩陶石也是我国奇石市场上的新秀品种之一。自从20世纪90年代初被发现以来，也深受奇石界的厚爱。彩陶石以其石质古朴、颜色宁静、沉稳等特点，成为目前奇石市场上深受青睐的收藏和投资石种之一。

近年来，为了加强红水河流域的生态保护，彩陶石的开采已经受到了限制。但收藏者和投资者对彩陶石的热度未减，因此彩陶石的价格涨幅较大，投资前景看好。

总体而言，彩陶石的收藏与投资市场仍然具有良好的基础和发展势头，特别是优质精品彩陶石的收藏与投资方兴未艾。

📖 习题

一、是非判断题（每题10分，共30分）

（ ）1.彩陶石因产于广西合山市马安村的红水河河段，石体表面类似陶器，似有一层彩色釉面，故名彩陶石。其又称合山彩陶石、马安彩陶石等。

（ ）2.彩陶石和大化彩玉石一样，都产于广西的红水河；但二者的化学组成差异较大。

（ ）3.绿色彩陶石与绿色彩釉石的最大区别是：前者没有釉彩，而后者具有釉彩。这是二者的最大区别，也是鉴别的关键点。

二、单项选择题（每题10分，共30分）

1.彩陶石在岩性上应属于_____。

    A.碳酸盐　　　　　　　　　　B.硅质岩

    C.硅酸盐　　　　　　　　　　D.磷酸盐

2.鸳鸯彩陶石是指石体通常具有两种不同的颜色，即绿色和_____，二者的界限分明，色差对比鲜明。

    A.黄色　　　　　　　　　　　B.白色

    C.黑色　　　　　　　　　　　D.红色

3.彩陶石的主要产地为_____。

    A.广西合山市　　　　　　　　B.广西来宾市

    C.新疆　　　　　　　　　　　D.内蒙古

三、简答题（共40分）

1.简述彩陶石和彩釉石的真假鉴别特征。（14分）

2.简述彩陶石的主要类型及其特征。（14分）

3.简述彩陶石的投资要点。（12分）

参考文献

[1] 李娅莉，薛秦芳，李立平，等.宝石学教程[M].2版.武汉：中国地质大学出版社，2011.

[2] 郭守国.宝玉石学教程[M].北京：科学出版社，1998.

[3] 廖宗廷，周祖翼.宝石学概论[M].3版.上海：同济大学出版社，2009.

[4] 周征宇，廖宗廷.玉之东西 当代玉典[M].武汉：中国地质大学出版社，2016.

[5] 冯建森.珠宝首饰价格鉴定[M].上海：上海古籍出版社，2009.

[6] 邹天人，於晓晋.中国天然宝石及矿床类型和主要产地[J].矿床地质，1996.

[7] 姚德贤.中国宝石矿床类型[J].矿产与地质，1994，8（6）.

[8] 丘志力，秦社彩，龚盛玮.我国与火山作用有关的宝玉石资源研究[J].地质论评，1999，45.

[9] 杜广鹏，奚波，秦宏宇.钻石及钻石分级[M].2版.武汉：中国地质大学出版社，2012.

[10] 张蓓莉.系统宝石学[M].2版.北京：地质出版社，2006.

[11] 廖宗廷，支颖雪.贵州罗甸玉研究[M].武汉：中国地质大学出版社，2017.

[12] 中华人民共和国国家质量监督检验检疫总局，中国国家标准化管理委员会.钻石分级：GB/T 16554—2017[S].北京：中国标准出版社，2017.

[13] 中华人民共和国国家质量监督检验检疫总局，中国国家标准化管理委员会.珠宝玉石 名称：GB/T 16552—2017[S].北京：中国标准出版社，2017.

[14] 中华人民共和国国家质量监督检验检疫总局，中国国家标准化管理委员会.珠宝玉石 鉴定：GB/T 16553—2017[S].北京：中国标准出版社，2017.

[15] 中华人民共和国国家质量监督检验检疫总局，中国国家标准化管理委员会.绿松石 分级：GB/T 36169—2018[S].北京：中国标准出版社，2018.

[16] 中华人民共和国国家质量监督检验检疫总局，中国国家标准化管理委员会.独山玉 命名与分类：GB/T 31432—2015[S].北京：中国标准出版社，2018.

[17] 国家质量技术监督局职业技能鉴定指导中心. 珠宝首饰检验 [M]. 北京: 中国标准出版社, 1999.

[18] 申柯娅, 王昶. 绿松石鉴赏与评价 [J]. 珠宝科技, 1998, 3: 41-42.

[19] 卢保奇. 四川石棉软玉猫眼和蛇纹石猫眼的宝石矿物学及其谱学研究 [D]. 上海: 上海大学, 2005.

[20] 袁奎荣, 邹进福. 中国观赏石 [M]. 北京: 北京工业大学出版社, 1994.

[21] 邹进福, 刘文龙, 袁奎荣. 广西观赏石资源及其开发前景 [J]. 广西地质, 1995, 8 (4): 73-76.

[22] 胡锴帆, 杨明星. 内蒙古阿拉善奇石的成因类型及市场前景 [J]. 宝石和宝石学杂志, 2006, 8 (1): 18-21.

[23] 元重举. 内蒙古观赏石资源 [J]. 西部资源, 2009, 4: 45.

[24] 张彤, 张志祥, 李满英. 内蒙古自治区观赏石资源分布概述 [J]. 西部资源, 2011, 4: 50-54.

[25] 中华人民共和国国家质量监督检验检疫总局, 中国国家标准化管理委员会. 观赏石鉴评: GB/T 31390—2015[S]. 北京: 中国标准出版社, 2015.

[26] 李海负. 内蒙古的观赏石资源 [J]. 珠宝科技, 1995, 2: 55.